粉じん作業特別教育用テキスト

粉じんによる疾病の防止

作業者用

中央労働災害防止協会

はじめに

土石，岩石，鉱物などの粉じん（極めて細かい固体の粒子状物質）にさらされる作業は，鉱業，窯業，鋳物業，金属製品・機械器具製造業，建設業など多くの産業にわたっており，これらの粉じん作業に従事している労働者は約 61 万人におよんでいます。このような粉じんを長期間にわたって吸い続けると肺は組織変化をおこし，じん肺という病気にかかります。じん肺は，現在においても有効な治療法がないために適切な予防対策と健康管理が特に重要です。

このため，じん肺法，労働安全衛生法に基づく粉じん障害防止規則による対策に加えて，呼吸用保護具の適正な選択および使用の徹底，ずい道等建設工事における粉じん障害防止対策，じん肺健康診断の着実な実施，離職後の健康管理の推進などを重点事項として，令和 5 年度を初年度とする第 10 次粉じん障害防止総合対策が推進されているところです。また，ずい道等建設工事における粉じん障害防止対策に関しては，平成 12 年 12 月に策定された「ずい道等建設工事における粉じん対策に関するガイドライン」（改正：令和 2 年 7 月）に基づき措置が講じられています。

これらの粉じん障害防止対策を実効あるものとし，じん肺の減少を図るためには，事業者の努力に加えて，作業に携わる労働者の一人ひとりの理解と協力が必要です。

このような趣旨から，労働安全衛生法令には，粉じん作業に従事する労働者に対し特別の教育を行わなければならないことが定められています。

本書は，粉じん作業に従事する労働者に対する特別教育のためのテキストとしてとりまとめたものです。今回の改訂では，第 10 次粉じん障害防止総合対策の策定および労働安全衛生規則等の改正に伴い，関係箇所の記述の見直しを行いました。粉じん作業に携わる方々に広く活用され，粉じんによる疾病の防止に寄与することとなれば幸いです。

令和 5 年 6 月

中央労働災害防止協会

粉じん作業特別教育カリキュラム

科　目	範　　囲	時 間	本書対象箇所
粉じんの発散防止及び作業場の換気の方法	粉じんの発散防止対策の種類及び概要 換気の種類及び概要	1時間	第2章
作業場の管理	粉じんの発散防止対策に係る設備及び換気のための設備の保守点検の方法　作業環境の点検の方法　清掃の方法	1時間	第3章
呼吸用保護具の使用の方法	呼吸用保護具の種類，性能，使用方法及び管理	30分	第4章
粉じんに係る疾病及び健康管理	粉じんの有害性　粉じんによる疾病の病理及び症状　健康管理の方法	1時間	第1章
関係法令	労働安全衛生法（昭和47年法律第57号），労働安全衛生法施行令(昭和47年政令第318号)，労働安全衛生規則(昭和47年労働省令第32号)及び粉じん障害防止規則並びにじん肺法（昭和35年法律第30号）及びじん肺法施行規則（昭和35年労働省令第6号）中の関係条項	1時間	第5章

（昭和54年7月23日労働省告示第68号「粉じん作業特別教育規程」）

目　　次

第1章

粉じんによる疾病と健康管理

●学習のポイント●

粉じんの有害性について理解し，粉じんによる代表的な肺の疾病であるじん肺の症状，健康管理について学びます。

1　からだに有害な粉じん

皆さんが働いている職場では健康に有害なものが使われていることがありますが，その中でも粉じんは多くの職場にみられます。本書でいう粉じんとは，「固体の粒子状物質」のことをいいます。

職場の空気中に浮かんでいる粉じんは，主に呼吸によってからだの中に入ってきて，いろいろな障害をひき起こします。たとえば，鉛を多く含んだ粉じんを多量に吸い込むと鉛中毒を起こします。

このように，鉛やカドミウムのような有害な物質を含んだ粉じんを吸い込んだときには，特有の中毒を起こすことがありますが，中毒性の物質を含んでいない粉じんでも，長時間にわたって吸い込み続けると，肺に粉じんがたまって「じん肺」という疾病にかかることがあります。したがって，鉛などの有害な物質を含んでいない粉じんでも決して無害ではないことに注意しましょう。

2　粉じんによる疾病

(1)　粉じんの吸入

粉じんは，ほとんどの場合，呼吸によってからだの中に入ってきます。

人間が吸い込む空気中の粉じんは，まず鼻腔でひっかかって取り除かれます。次に，鼻腔を通り抜けた粉じんも気管支の細かい毛（繊毛）によって外へ送り出されます。このようにして，吸い込まれた粉じんは順次取り除かれていきますが，非常に細かい粉じんは，肺の一番奥にある小さな袋（肺胞）にまで侵入してしまいます。しかし，肺胞に入った粉じんも，大部分は息をはくときに息と一緒に外に出されます。

このように吸い込まれた粉じんの多くはからだの外に出されますが，肺の奥の方にくっついた粉じんは排出されず，体液等に溶けにくい粉じんだと少しずつたまっていきます。

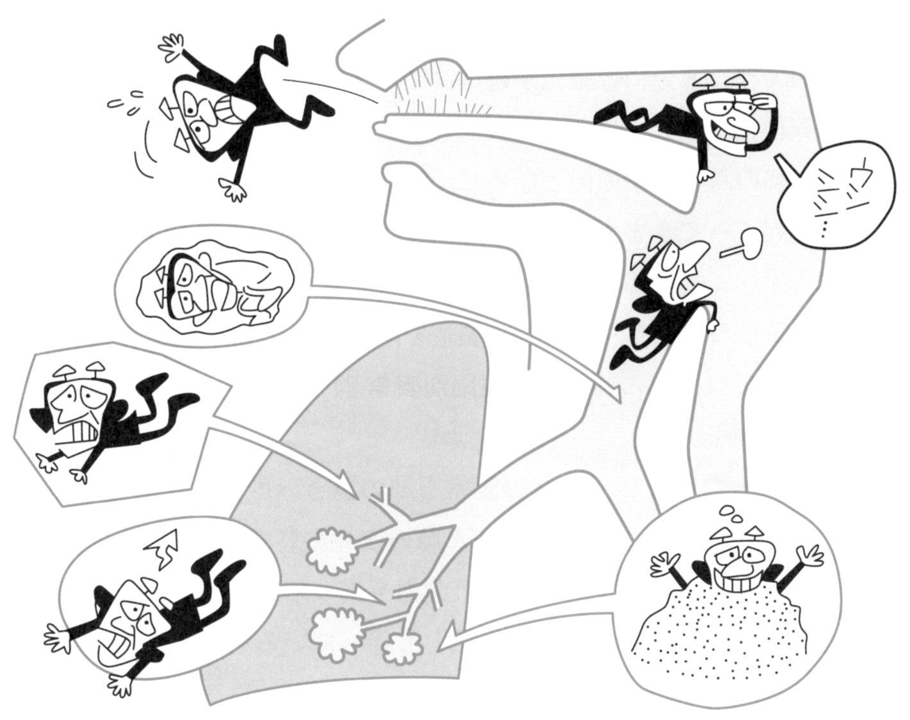

(2) 粉じんによる疾病

中毒を起こす物質を含んでいない粉じんによる肺の疾病の中で代表的なものが「じん肺」です。

ここでは，どのようにしてじん肺が起こるか，じん肺とはどのような疾病かについて簡単に説明します。

3 じ ん 肺

(1) じん肺の起こり方

じん肺の起こり方は大きく３つに分けられます。

第１は，肺胞の中に粉じんがたまってきて起こるものです。肺胞の中に入った粉じんの量が増してきて，それとともに炎症（えんしょう）が起こり，弱い「線維化（せんいか）」（正常の肺胞が壊れて，かたい組織ができてくること）が起こってきます。

第２は，肺胞に入った粉じんが肺胞のまわりに移って，その部分に起こるものです。肺胞内の粉じんが，肺の細胞にとり込まれたり，リンパの流れに入ったりして，肺胞のまわりやリンパ節（せつ）の中に入って，そこで炎症が起こってきます。その結果，このような部分に線維化が起こってきますが，このほか，細い気管支のまわりにも線維化が起こってきます。

第3は，石綿の粉じんが原因となるじん肺に特徴的なもので，細い気管支を中心に線維化が起こってきます。（現在は，石綿および石綿をその重量の0.1％を超えて含有するすべての石綿含有製品について，製造，使用等が禁止（試験研究のための製造および石綿分析用試料等の製造を除く）されているので，石綿を取り扱う作業については，じん肺法施行規則別表第24号にあたる作業となっています。111ページ参照。）

線維化が起こった部分は，もとの正常な肺の働き（酸素と炭酸ガスのガス交換）を失ってかたくなっています。じん肺の変化の特徴はこの「線維化」ですが，このほかに，肺胞がふくれたままで弾力を失ってしまう「気腫性（きしゅせい）変化」，せきやたんが出やすくなる「気管支の炎症」も伴っているものです。このように，じん肺は多様な病変を伴います。

(2) じん肺の進み方

じん肺は，いったん起こると，現在の医学では治すことができず，粉じんを吸い続けると病状は次第に進行していきます。また，粉じんを吸い込む作業を離れた後にも進行することがあります。

じん肺が進行すると，肺胞がつぶされたり，血管や気管支がおさえられたりして肺の働きが低下してきます。また，エックス線写真ではじん肺の影が次第に増えてきます。

じん肺が進むと人間のからだはどのようになるのでしょうか？

肺の最も大切な役目は，人間のからだを働かせるために必要な酸素をからだにとり込んで，からだにとって不必要となった炭酸ガスをからだの外に出すことです。これを「ガス交換」といい，肺胞は「ガス交換」を行うために大切なところです。

じん肺が進行すると，この「ガス交換」を行う肺胞が壊されるだけでなく，血管が圧迫されて血液の流れが悪くなったり，気管支が圧迫されるため十分な「ガス交換」ができなくなってきます。このようになると，心臓に負担がかかり，負担が長く続くと右心が肥大して弱ってしまう「肺性心（はいせいしん）」が起こり，死亡に至ることがあります。

(3) じん肺の症状

じん肺の初期にはほとんど自覚症状（自分で感じる具合の悪さ）がありませんが，進んでくると息切れが起こり，せきやたんが出たりします。さらに進むと，息切れがひどくなり，歩いただけでも息が苦しく，動悸がして仕事もできなくなります。また，次に述べるようないろいろな合併症にかかりやすくなります。

(4) じん肺の合併症

じん肺になると，いろいろな病気に合併してかかりやすくなります。合併症の中でもおそろしいのは肺結核です。じん肺になった人は，そうでない人に比べて肺結核にかかりやすくなるだけでなく，かかった肺結核が治りにくく，悪化することが多いことが知られています。しかも，進んだじん肺に合併した病気ほどたちが悪いといわれています。

肺結核のほかにも，次のような病気にかかりやすいといわれています。

(ア) 結核性胸膜炎

結核菌によって起こる，いわゆる「ろく膜炎」です。

(イ) 続発性気管支炎

せきやたんが長く続いていて，たんの量が多くなり，そのたんが黄色になった気管支炎をいいます。

(ウ) 続発性気管支拡張症

気管支がふくらんでしまって元にもどらなくなった状態を「気管支拡張」

といいますが，このような拡張があって，たんの量が多くなり，そのたんが黄色になったものをいいます。

㈡　続発性気胸（ききょう）

肺は「胸郭（きょうかく）」という箱の中に入っているものと考えることができますが，じん肺によって肺に穴があいて，肺と箱との間に空気が入ってきて，肺をおしつぶした状態になるものをいいます。

㈪　原発性肺がん

肺がんのうち，肺以外の部位から転移したものではない肺がんをいいます。

このような合併症は，じん肺が進行するにつれてかかりやすくなることが知られています。そのため，じん肺を進行させないことは，合併症にかかるおそれを少なくすることにもなるわけです。

4 じん肺の健康管理

じん肺の健康管理については「じん肺法」に細かい定めがあります。このほか「労働安全衛生法」にも関係のある定めがあります。

(1) じん肺を防ぐには

じん肺を防ぐための基本は，職場の空気の中の粉じん量を可能な限り少なくし，皆さんが職場で作業しているときに吸い込む空気中の粉じんをできるだけ減らすことです。

このためには，職場の機械や設備などにいろいろな対策を行ったり，作業の方法を改善したり，場合によっては防じんマスクを使用したりする必要があります。このような対策は，後に詳しく書かれていますのでそれを参考にしてください（第3章，第4章参照）。

(2) じん肺の健康診断

じん肺をできるだけ早く発見し，また，じん肺にかかっている人のじん肺の進み具合を正確に把握するためには，粉じん作業につくとき（就業時）のほかに定期的に健康診断を受けることが大切です。

じん肺法では，粉じん作業をする人について，作業につくときに事業者がじん肺健康診断（**就業時健康診断**）を行うよう定めています。また，粉じん作業についている人について，その人の「じん肺管理区分」に応じて，事業者が定期的にじん肺健康診断（**定期健康診断**）を行うように定めています。さらに，以前粉じん作業についていて今は粉じんのない作業についている人でも，じん肺にかかっている人の場合には，事業者が定期的にじん肺健康診断を行うこととされています。この定期健康診断の期間は，**表 1-1** のとおりです。

このほか，じん肺の所見のない人が一般健康診断でじん肺の所見があるかまたはその疑いがある場合等には，じん肺健康診断（**定期外健康診断**）を行うこととされています。また，事業場をやめる場合には，健康診断（**離職時健康診断**）を行うよう事業者に請求することができますし，ある程度のじん肺にかかっている人（じん肺管理区分が管理２または管理３）は，やめた後も「**健康管理手帳**」を国からもらって，無料で健康診断（肺がんなどの検査）を受けることができます。

表1-1　定期健康診断の期間

粉じん作業との関係	じん肺管理区分	定期健康診断の期間
現在粉じん作業についている	1	３年以内ごとに１回
	2，3	１年以内ごとに１回
現在粉じん作業についていない	2	３年以内ごとに１回
	3	１年以内ごとに１回

（注１）「じん肺管理区分が管理１の人」とは，「じん肺にかかっていない」と診断された人をいいます（じん肺管理区分については，18 ページの参考を参照）。
（注２）現在粉じん作業についていない管理２の人は，一般健康診断の機会をとらえて原発性肺がんに関する検査を行います。

(3)　じん肺管理区分

このようなじん肺健康診断の結果をもとに，皆さんのじん肺の程度を都道府県労働局長が決定します。じん肺の程度の区分は「じん肺管理区分」とよばれています。

じん肺法では，事業者が皆さんの「じん肺管理区分」を皆さん一人ひとりに通知書で知らせることとされています。健康診断の時期や健康管理の措置は皆さんの「じん肺管理区分」によって決まりますので，自分の「じん肺管理区分」を知っておくことが大切です。

なお，現在粉じん作業についている人，すでに粉じん作業から離れた人が自分の「じん肺管理区分」を知りたいときには，都道府県労働局長に申請することによりじん肺健康診断を受診して，「じん肺管理区分」を決定してもらうことができます。

(4)　じん肺を進行させないためには

いったんじん肺にかかっていることが明らかになったら，じん肺を進行させないようにすることが大切です。そのためには吸い込む粉じんの量を少なくすることが必要です。

機械や設備などに対する発じん対策によって，吸い込む粉じんの量を少なくすることができますし，空気中の粉じんが少ないところでの作業に移るとか，粉じん作業を行う作業時間を短縮する，といった対策によっても吸い込む粉じんの量を減らすことができます。

じん肺がある程度以上進むと，息切れなどの症状も出やすくなり，肺の働きも低下してきます。このようになると，将来じん肺のために働けなくなるおそれがあります。そこで，じん肺がある程度以上進んだ人については，吸い込む粉じんをさらに少なくして進行を止める必要があります。このためには，粉じん作業以外の作業に転換することが望まれます。

また，合併症にくり返しかかると肺の働きはますます低下してきます。そこで，合併症はできるだけ早く発見し完全に治すことが大切です。

じん肺法では，事業者は皆さんの「じん肺管理区分」に応じて都道府県労働局長の勧奨や指示などにしたがって適切な対策をとるように定めています。そのあらましは**図 1-1** のとおりです。

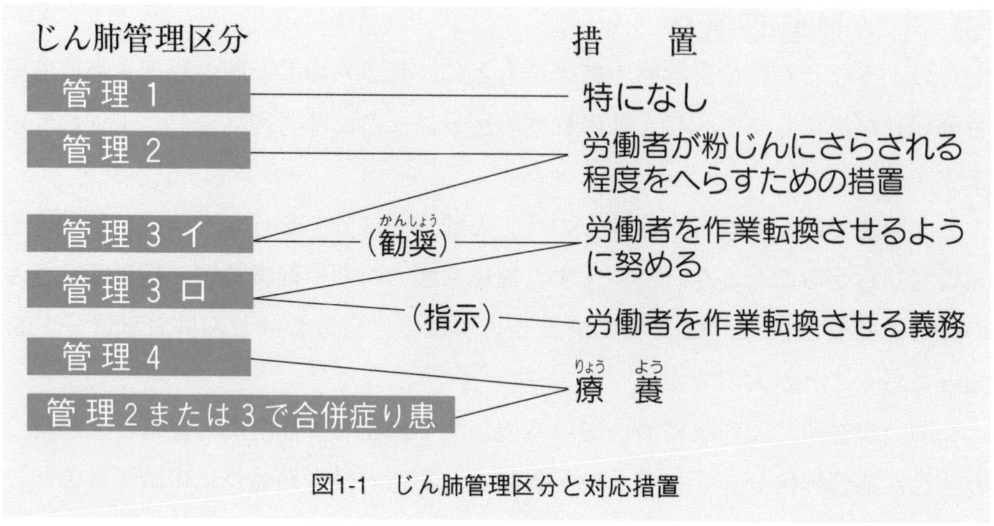

図1-1　じん肺管理区分と対応措置

このほかに，自分の健康について医師や保健師に相談できるような機会を皆さんに与えるよう事業者が努めることとされています。また，合併症にかかっていると判定された人は療養が必要となります。

【参考】

じん肺管理区分

じん肺管理区分		じん肺健康診断の結果
管　理　１		じん肺の所見がないと認められるもの
管　理　２		エックス線写真の像が第１型で，じん肺による著しい肺機能の障害がないと認められるもの
管理３	イ	エックス線写真の像が第２型で，じん肺による著しい肺機能の障害がないと認められるもの
	ロ	エックス線写真の像が第３型又は第４型（大陰影の大きさが一側の肺野の３分の１以下のものに限る。）で，じん肺による著しい肺機能の障害がないと認められるもの
管　理　４		⑴　エックス線写真の像が第４型（大陰影の大きさが一側の肺野の３分の１を超えるものに限る。）と認められるもの ⑵　エックス線写真の像が第１型，第２型，第３型又は第４型（大陰影の大きさが一側の肺野の３分の１以下のものに限る。）で，じん肺による著しい肺機能の障害があると認められるもの

第 2 章

粉じんによる疾病の防止

●学習のポイント●

粉じんにさらされない職場づくりのための対策の種類や方法について学びます。
また，粉じんにさらされても吸入しないための換気の種類や方法について学びます。

粉じんを吸入することによって起こる疾病を防ぐには，粉じんにさらされない職場をつくることが基本になります。皆さんが働いている職場での粉じん対策としては，大きく次の2つがあげられます。

1)　粉じんにさらされない

2)　粉じんにさらされても吸入しない

そして，1）の「粉じんにさらされない職場をつくる」ということは，

①　粉じんの発生をおさえる

②　発生した粉じんを取り除く

③　発生した粉じんを新鮮な外気でうすめる

ことであり，2）の「粉じんにさらされても吸入しない」ということは，

有効な呼吸用保護具を着用することです。

ここでは，粉じんにさらされない職場をつくるためにはどうすればよいかについて述べます。なお，呼吸用保護具については第4章を参照してください。

粉じんが発生している職場で，粉じんにさらされないためには，生産の工程や作業の方法を粉じんの発生しない工程や作業方法に変えたり，粉じんの発生する工程を自動化したり，原料や材料を変えたりするやり方があります。

このような例として，次のようなことがあげられます。

①　破砕機（はさいき）や粉砕機（ふんさいき）に原料を投入したり，製品を取り出したりする作業を，自動化したり遠隔操作（えんかくそうさ）にして，作業者を粉じんの発生する場所からはなす。

② アーク溶接作業を手溶接から全自動溶接にかえ，作業者が溶接作業に近づかないようにする。

③ 粉状のものを袋詰めする作業を自動包装機（ほうそうき）で行い，作業者が近づかないようにする。

④ 粉状の原料を大きな粒（つぶ）のものにかえる。

⑤ 粉状の原料や材料を混（ま）ぜ合わせる作業を行うとき，これらの原料や材料をいったん水に溶いてから混ぜ合わせるようにする。

⑥ 成形後のゴム製品がお互いにくっつかないように，タルクなどの粉をゴム製品の表面にまく作業を，粉状のタルクを水に溶き，その中に製品をくぐらせて表面にくっつける方法にかえる。

1　粉じんの発生をおさえるためには

粉じんの発生をおさえる方法には，基本的な対策として，発生源を密閉（みっぺい）する方法と，散水などにより湿めらせる湿式法（しっしきほう）があります。

原料を粉砕したり，ふるい分けたり，混合したりする機械・設備からは，多くの粉じんが発生します。そこでこのような機械・設備の発生源を密閉すると粉じんの発散をおさえることができます。また原料や材料を投入したり製品を取り出したりする作業で発生する粉じんに対しては，投入口や取り出し口をビニールなどで覆ったり，蓋（ふた）をつけるといった工夫をしたり，作業を自動化したりすることにより粉じんの発生をおさえることができます。

湿式法は，雨が長期間降らないときなどに，ほこりが舞い上がらないように道路に水をまくことがあるのと同じように，土石や岩石を掘削（くっさく）するときに掘削しているところに水をまけば，粉じんの発生をおさえることができます。このように粉じんの発生をおさえるため水をまくことを「散水」といいます。散水の中でも表面が水の層で覆われるくらい大量の水を注ぐことを，特に「注水」と呼んで区別します。土石に散水を行う場合には，粉じんの発散面全体を十分に湿らせます。この場合は，少なくとも手で握ったときに固まる程度以上に湿っていなければなりません。

散水によく用いられる設備としては，シャワー，スプレー，スプリンクラー，

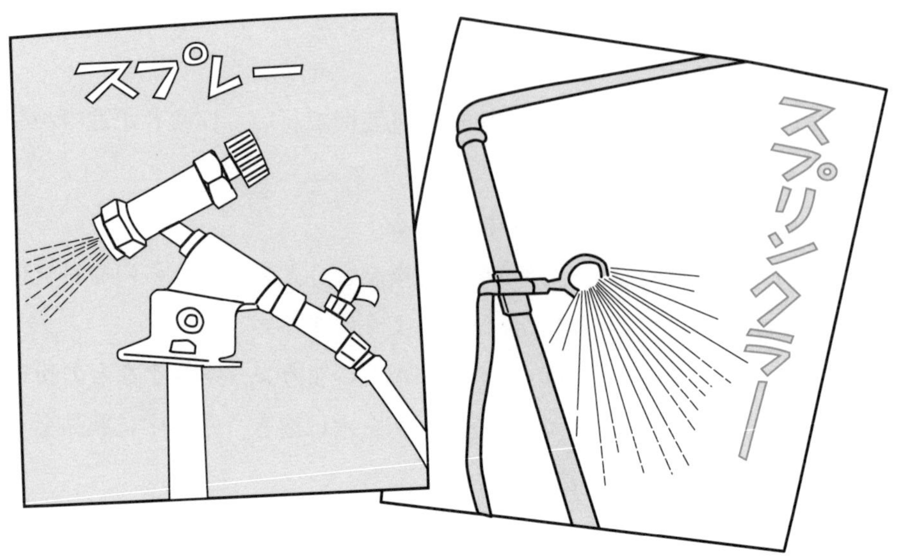

散水車などがあります。

また，粉じんの発生の原因となる原料や材料にあらかじめ散水して湿らせておいて粉じんの発生をおさえることを「与湿」といいます。

湿式化により粉じんの発生をおさえる例としては，ずい道の掘削作業で水により繰粉（掘削により出てくる土砂）を送り出す「湿式削岩機」を使ったり，グラインダーなどに水や油を注ぎながら湿潤状態で研磨する方法などがあげられます。

2　発生した粉じんを取り除くためには

発生した粉じんを取り除くには，代表的な装置として「局所排気装置」と「プッシュプル型換気装置」があります。

局所排気装置とは，粉じんの発生源にフードを取り付け，このフードにより粉じんを発生源において捕捉し，捕捉した粉じんをダクトを通してファンで吸引して排気口から外に出す装置をいいます。この装置には原則として，主ダクトとファンの間に粉じんを取り除く「除じん装置」という装置を備え，これで粉じんを取り除いてからきれいになった空気を屋外に排出します（**図 2-1** 参照）。

この局所排気装置を使用するときには，次の点に留意してください。

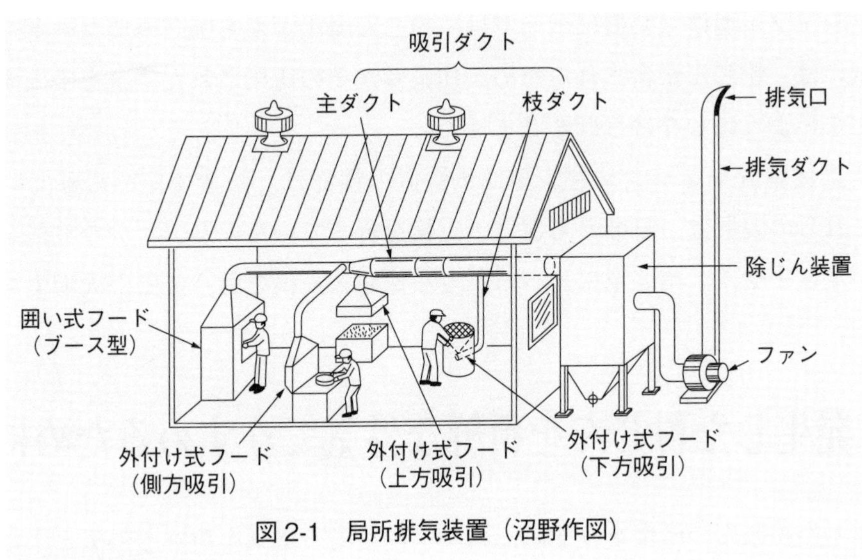

図 2-1　局所排気装置（沼野作図）

① フードは，発生源をできるだけ囲むようにするか，できるだけ作業位置に近づけた位置に設けること。

② フードの大きさと型は，発生源の状態に適したものを設けること。

③ 作業者は，フードに吸引（きゅういん）される汚れた空気の中に立ち入ったり，粉じんにさらされたりしないような位置で作業すること。

④ 窓や出入口を開けることによりフードに吸引される空気が乱れる場合は，窓などを開けないこと。

⑤ 冷房装置や扇風機の風で，フードに吸引される気流が乱されないようにすること。

⑥ 冬季などで，フードに室内の空気が吸引されると同時に外気が入り，寒さを感じるときがあります。そのような場合でも局所排気装置を止めないこと。

一方，プッシュプル型換気装置とは，粉じん発生源の一方から送気（そうき）（プッシュ）で粉じんを搬送し，反対側から吸気（きゅうき）（プル）することにより一定の気流をつくり，搬送されてきた粉じんを捕捉，排出するものをいいます。この装置は，フード，ダクト，除じん装置，送風機，排風機，排出口などから構成されています。また，この装置には，天井，壁および床が密閉されているブースを有する密閉式プッシュプル型換気装置と，それ以外の開放式プッシュプル型換気装置があります。

プッシュプル型換気装置については，粉じん発生源から吸込み側フードへ流れる空気には，粉じんが含まれるため，作業者がその汚染された空気を吸入するおそれがないようにしなければなりません。

局所排気装置やプッシュプル型換気装置の性能は，法令で定められていますが，これらの装置は，日頃から保守・点検を行っていないと，十分な性能を保つことができません。第3章に述べるような保守・点検を行うことが大切です。

3　発生した粉じんを新鮮な外気でうすめるためには

発生した粉じんの濃度をうすめ，同時に作業場の空気を新鮮な外気と入れかえる方法が「換気」です。次に換気について説明します。

(1)　屋内作業場の全体換気

全体換気には，全体換気装置による方法，熱気流による方法および自然換気による方法がありますが，自然換気による全体換気のみに頼ることは避けなければなりません。

1)　全体換気装置による換気

家庭の台所でも壁型換気扇等による換気が行われていますが，これと同じ方法で行うのが，屋内作業場で一般に行われている全体換気装置による換気です（**図2-2**）。全体換気とは，建物の中に新鮮な外気を連続して送り込み，建物の中の汚れた空気を新鮮な空気と入れかえることをいいます。この全体換気は，発散している粉じんの濃度が低い場合には効果がありますが，濃度が高い場合には用いるべきではありません。

2)　熱気流による換気

暖かい空気は上方に昇ります。これを「上昇気流（熱気流）」といい，これを利用して全体換気を行うことができます（**図2-3**）。

たとえば，建物の中に炉などがあるとき，炉のまわりの温度は数百度になっていますので，屋根に向かって上昇気流が起きます。そこで，屋根に穴を開けておけば，その上昇気流によって屋内の汚れた空気を屋外に排出することができます。

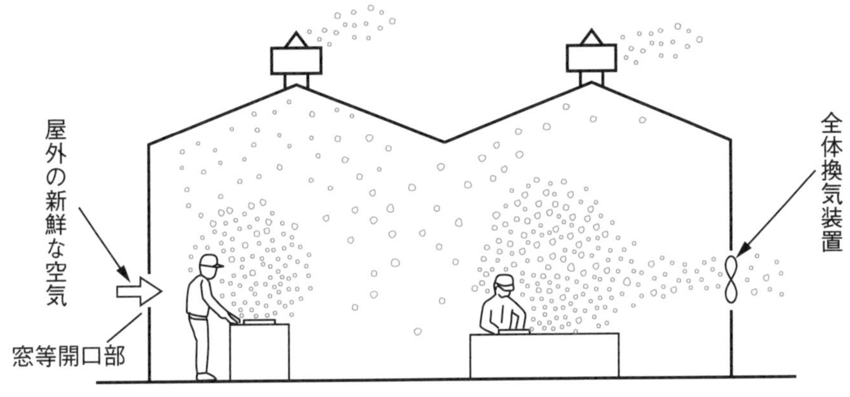

図 2-2　全体換気装置による換気

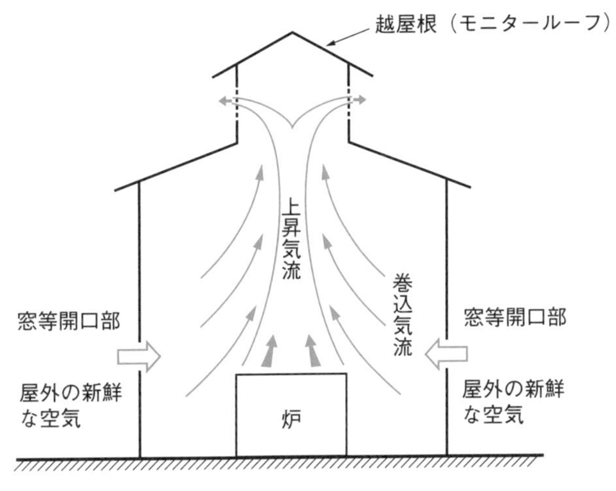

図 2-3　熱気流による換気

炉の温度と屋根周辺の温度との差が大きければ大きいほど強い上昇気流が起こり，それにともなってまわりの空気が上昇気流に巻き込まれます。これによって部屋全体の空気を換気することができ，全体換気装置による換気と同様の効果が期待できます。

3）自然換気

自然換気とは，屋内作業場の窓や開口部を利用して，屋外の新鮮な空気と屋内の汚れた空気を入れかえることをいいます。しかしこの方法は，雨天や冬期など，窓を閉めていたり，窓を開けていても風が吹いていなかったりした場合には効果がないため，計画的な換気ができず，補助的にしか用いることができません。

(2) 坑内作業場の換気

坑内の換気は，ふつう風管(ふうかん)と呼ばれる布製や塩ビ製の管，鋼管を坑内に取りつけて，その管にファンを取りつけて換気をする「風管換気」が行われています。

換気方法の選定に当たっては，発生した粉じんの効果的な排出・希釈および坑内全域における粉じん濃度の低減に配慮することが必要であり，送気式換気装置，局所換気ファンを有する排気式換気装置，送・排気併用式換気装置，送・排気組合せ式換気装置などの換気装置の使用が望まれます。

また，送気口および吸気口は，有効な換気を行うのに適正な位置に設け，ずい道等建設工事の進捗に応じて，速やかに風管の延長を行います。

さらに，必要に応じて，排気空気については集じん装置による集じんを行います。

なお，風管のかわりに補助坑と呼ばれる坑道を掘って，これを利用して換気を行う「坑道換気」が用いられることもあります。

第 3 章

粉じん作業の管理

●学習のポイント●

特定粉じん作業に常時携わる作業者は，特別教育を受ける必要があります。
粉じんの発散防止や換気のための設備の保守点検の仕方を学びます。
作業環境の点検の方法や，日常・定期的に行う清掃の方法について学びます。

1　特別の教育

土石，岩石または鉱物などの粉じんを吸入することによって起こるじん肺は，すでに第1章で述べたとおり長期間にわたって進行し，現在の医学ではもとのからだにもどす治療方法がない病気です。症状を発見したときには，早期に適切な措置をしないと10年，20年後に悲劇的な結末に至ることがあります。しかし，これらの粉じんは中毒などを起こすような化学物質の粉じんに比べ，その有害性に関する認識が一般にうすいことから，日頃，安易な取扱いがなされている場合が多く，予防対策がおろそかになりがちです。

じん肺を防止するためには，事業者は，様々な予防対策を講じ，健康管理を行わなければならないと法令に定められていますが，単に，事業者の努力のみでは不十分です。これらの対策を効果的に進めるためには，粉じん作業に携わる者一人ひとりがその重要性を認識し，自らも積極的にこれらの対策にとり組むことが必要なのです。

このようなことから，法令では，事業者は，特定粉じん作業※に常時携わる人に対して，特別の教育を行わなければならないこととされています。

※「粉じん作業」のうち，その粉じん発生源が「特定粉じん発生源」であるものをいいます（粉じん則第2条第1項第3号）。（65ページ参照）

2　設備などの点検の仕方（しかた）

粉じん作業が行われている職場に設置される局所排気装置，プッシュプル型換気装置，発生源を密閉する設備，散水のための設備などは，単に設置されているだけでは何の役にも立ちません。特定粉じん発生源※等に設置される局所排気装置，プッシュプル型換気装置および除じん装置については，法令で１年以内ごとに１回，定期自主検査を行わなければならないとされていますが，これらの設備を，粉じん作業が行われている間，有効にはたらかせるためには，定期自主検査に加えて，日常，定期的（１週間に１回程度）に，次の事項について設備の点検を行うことが望ましいといえます。

※坑内の，鉱物等を動力により掘削する箇所などを「特定粉じん発生源」として，粉じん則別表第２に掲げられています（粉じん則第２条第１項第２号）。（86ページ右欄参照）

(1)　局所排気装置およびプッシュプル型換気装置の点検

フード，ダクト，除じん装置などについて点検します。

1)　フードの点検

フードの点検は，まずフードの吸込み気流の状態を調べます。それには，スモークテスターによるテスト（スモークテスト）を行って，白煙がフードへどのように入っていくのかを観察します。たとえば，白煙の一部しかフードに吸い込まれていない場合は吸込みの状態は不良です。

吸込み状態が不良な場合にはその原因はいろいろ考えられますが，一般に，次のことがないかどうかを確認します。

①　フードの近くに障害物が置かれていないか。

②　窓などから入ってくる空気の流れなどによって，フードの開口面や粉じん発生源近くの吸込み気流が乱れていないか。

③　粉じん発生源とフードの開口面までの距離は遠すぎることはないか。

④　フードの向き，開口面の大きさなどがその粉じん作業に適しているか。

2)　ダクトの点検

ダクトは，ダクトの途中に空気の漏れがある場合やダクトの内部に粉じんが堆積している場合には性能が落ちてきます。

このため，ダクトの点検はダクトを外からみて，次のことがないかどうかをみます。

①　ダクトに破損しているところがないか。

②　ダクトのつなぎめに緩みがないか。

③　ダクトを軽くたたいてみる（粉じんの堆積があると鈍い音がする）。

3）　除じん装置の点検

除じん装置も常に有効にはたらかせる必要があります。除じん能力がないままで作業したりしていると，局所排気装置の性能にも悪い影響がでてきます。

除じん装置にはいろいろな除じん方式があり，その構造や性能も異なっていますが，ここでは広く使用されている除じん方式である「ろ過除じん方式」（**図3-1**）であるバグフィルターを使用するもの，および「サイクロンによる除じん方式」（**図3-2**）の点検事項について説明することとします。

㈠　ろ過除じん方式

①　ろ材に破損しているところはないか。

②　ろ材の取付部が緩んだり，外れていないか。

③　ダストチャンバーや取出し口から空気が漏れていないか。

④　粉じんがダストチャンバーにいっぱいになっていないか。

⑤　ろ材が目詰まりしていないか。

㈡　サイクロンによる除じん方式

①　サイクロンの本体が摩耗によって穴があいていないか。

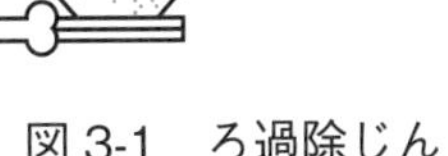

図 3-1　ろ過除じん

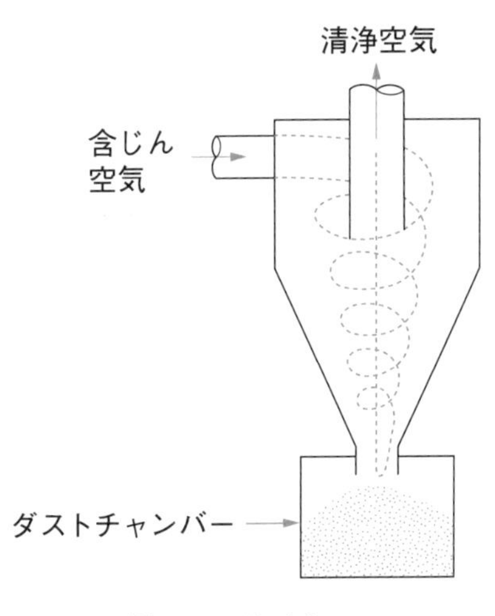

図 3-2　サイクロン

② ダストチャンバーや取出し口から空気が漏れ込んでいないか。

③ 内部には空気の流れに逆らうような突起や凹凸がないか。

④ 円錐の下部やダストチャンバーに粉じんが充満していないか。

(2) 粉じん発生源を密閉する設備の点検

粉じん発生源を密閉する設備は，その密閉部分から粉じんが漏れていないかどうかを点検する必要があります。

密閉する設備の継手や継目部分から粉じんが漏れ出していないか，また，原材料の投入口や製品などの取出し口など蓋の密閉は十分であるかなどについて，先に述べたスモークテスターにより点検する必要があります。

密閉する設備については，密閉している内部の空気を排気ファンのダクトを接続するなどして吸引・排気することで内部は負圧になり，粉じんの漏れを防止する効果がさらに高まることとなります。この場合にはスモークテスターの白煙が継目などから逆に内部に吸い込まれるかどうかを点検する必要があります。

(3) 散水のための設備などの点検

粉じんの発生源対策には，すでに述べたとおりシャワー，スプレー，散水車など散水のための設備があります。粉じんの発散をおさえるため水をまくことは，粉じん作業が行われている職場では古くから広く行われています。排水処理の作業が増えますが，水の使用は最も簡便で効果もありますから，できるだけ水を使用することを勧めます。

散水のための設備などの性能や能力は，粉じん作業の種類や粉じんの種類，大きさなどによって異なり，一律（いちりつ）に決めるわけにはいきません。したがって，これらの設備へは，粉じんの発散をおさえるために必要な量の水を送ることが不可欠です。

水をまいたときには，粉じんの発散面全体が十分に湿っているかどうかを調べて，堆積粉じんの表面などは常に発じんしない程度に湿らせていなければなりません。

3　清　　掃

粉じん作業が行われている職場では，発生源対策を行っていても，職場には粉じんが堆積してしまうものです。この堆積した粉じんが再び発散したりすることによって，作業環境に悪い影響を与えていることがしばしばみられます。このような堆積した粉じんが再び発散することを防止するためには，日常の清掃と定期の大掃除が必要です。

(1) 整理整頓と日常の清掃

どのような作業環境でも，作業がスムーズに行われるためには整理整頓が行われていなければなりません。整理整頓が行き届いている作業場では，粉じんの清掃は容易となり，徹底した清掃ができることから職場は清潔となり，また粉じん対策も徹底しやすくなります。

日常の清掃としては，毎日１回以上，作業者の身辺の作業床，通路，作業台，棚などに積もった粉じんを除去しなければなりません。清掃の方法はできる限り粉じんの発散しない方法を選ぶことが大切です。真空掃除機や水洗による清掃がもっとも望ましい方法です。ほうきを使用する場合には，水を含ませたおが屑(くず)（のこ屑）などをまいてから掃くようにします。また，作業台や棚などの上は，ぬれたモップや雑巾(ぞうきん)で拭(ふ)き取るとか，刷毛(はけ)で積もった粉じんをちり取りなどで受けながら払うなど，床に落とさないように注意が必要です。

法令では，このような日常の清掃を行うことが定められています。

(2) 堆積した粉じんの除去

粉じん発生源対策が良好に行われている作業場であっても，作業環境中に全く粉じんが発散しないということはきわめてまれなことです。一般には目には見えないような細かな粉じんが発散している場合が多く，こうした粉じんが積もると

堆積粉じんとなり，気流や振動によりこれが再び舞い上がると作業環境を汚染することになります。

したがって，法令では，粉じん作業が行われている屋内作業場の床，通路，窓，梁(はり)，機械設備などや休憩設備がある床などのうち，日常の清掃の行き届かないようなところについては，月1回，定期に堆積した粉じんを除去するため大掃除を行うこととされています。

堆積した粉じんの清掃は，堆積した量が少なければぬれた雑巾，モップなどで拭(ふ)き取ることもできますが，多量で，かつ広範囲に粉じんが堆積している場合には真空掃除機を用いる必要があります。

法令では，真空掃除機によるか，または水洗などの湿式による方法によらなければならないとされています。堆積している粉じんを圧縮空気などにより吹き飛ばすようなことは厳につつしまなければなりません。どうしてもこれらの方法がとれない場合には法令では，防じんマスク等の有効な呼吸用保護具をつけて清掃を行うこととされています。

4　作業環境の状態の把握

粉じん発生防止対策を有効に進めるには，皆さんの職場環境の状態がどうなっているか，常に把握しておくことが大切です。

作業環境の状態を把握して，問題点はどこにあるのか，また，今後作業環境を改善し，管理していくポイントは何かなどをつかみ，これに基づいて対策を進めて行くのは管理者の役目ですが，これらの状況をよく知っているのは職場の皆さんです。皆さんから現場の状況を管理者に詳しく説明して理解してもらうようにしてください。

この作業環境を把握する方法には，定期的に作業場の粉じん濃度を測定し，作業環境の状態を把握する「作業環境測定」と，日常的に作業場や機械設備などを一定の方式でチェックする「作業環境の点検」があります。

(1)　作業環境測定のあらまし

粉じん作業が行われている作業場の粉じんの濃度は，一般には粉じん作業の種類や場所などによって高くなったり低くなったり異なる状態を示しています。また，同一の作業場所であっても，作業量，作業時間，その他の要因で，粉じん濃度は時間とともに変化しますが，一定の方法で定期的に粉じん濃度を測定することによりその作業場の粉じん濃度の状態を把握することができます。

法令では，事業者が常時特定粉じん作業を行う屋内作業場について6カ月以内ごとに1回，定期的に空気中の粉じん濃度の測定を行うこととされています。

また，土石，岩石，鉱物の粉じんについては，粉じん中の遊離けい酸※の含有率を必要に応じて測定しなければなりません。

※遊離けい酸とは，土石，岩石などに広く含まれており，じん肺を引き起こす主な原因物質です。

作業環境測定は，正確に行うことが大切です。このため，粉じんについても作業環境測定を行う場合には，作業環境測定士が所定の分析機器を使って実施する必要があります。しかし，一般的には，厚生労働大臣または都道府県労働局長の登録を受けた作業環境測定機関に委託して行うこととなります。

また，作業環境測定士は「作業環境測定基準」にしたがって，実際の作業方法，作業者の行動範囲，機械の運転の状態などの現場をよく知ったうえで測定を行うこととされています。

作業環境測定の結果の評価に基づいて，作業環境管理に問題があると認められる場合には，作業環境を点検してその原因を調べ，適切な改善措置を講じて作業場全体の粉じんの濃度を下げなければなりません。

この作業環境測定の結果の評価を行うに当たっては，厚生労働大臣の定める「作業環境評価基準」にしたがって行うこととされており，作業環境管理の状態を第1管理区分，第2管理区分および第3管理区分の3つに区分することとされています。

ア　第1管理区分

作業環境管理が適切であると判断される状態であるので，現在の作業環境管理の継続的な維持に努める必要があります。

イ　第2管理区分

作業環境管理になお改善の余地があると判断される状態であるので，施設，設備，作業工程または作業方法等の点検を行い，その結果に基づき作業環境を改善するため必要な措置を講ずるように努めなければなりません。

ウ　第３管理区分

作業環境管理が適切でないと判断される状態です。この場合，施設，設備，作業工程または作業方法等の点検を直ちに実施して，改善措置を講じます。

(2)　日常の作業環境の点検

６カ月以内ごとに定期的に行う作業環境測定は，一定の基準にしたがって作業環境測定士が行うこととなりますが，これ以外に，日常的に皆さんが作業環境を点検することが大切です。日常の点検によって，皆さんの作業場の環境が適切であるかどうか，局所排気装置や散水設備などが有効にはたらいているかなどを確かめ，問題点が見つかればそのつど管理者に申し出るなど改善に心掛けてゆかなければなりません。

作業場内の機械や設備の配置を変えたり，作業方法や作業位置を変えたりしたときにも点検を行う必要があります。これらの点検した結果と改善事項は，記録にとどめ保存しておけばより効果的です。

5　その他の管理

(1)　通路，出入口の管理

粉じん作業場へ通じる通路や作業場への出入口は，粉じん作業場からの粉じんが漏れ出し，堆積することがしばしばみられます。粉じん作業場からの粉じんが通路へ発散しないようにするとともに，通路へ発散した粉じんを速やかに清掃して取り除く必要があります。

(2)　作業衣の管理

粉じん作業に携わる作業者が着る作業衣は，ヒダや折(お)り目がなく粉じんが付きにくいものがよいでしょう。布地も毛ばだったものは粉じんが付きやすいので適当ではありません。また，作業衣は定期的に洗たくしてください。粉じんが付いたままのものを着るのは良いことではありません。

第4章

呼吸用保護具の種類と使用方法

●学習のポイント●

呼吸用保護具について，種類や性能，選択時の注意点を理解し，使用方法や管理方法を学びます。

1　有効な呼吸用保護具とは

粉じんによる健康障害を防止するための対策は，第1には作業環境の改善を行うことですが，粉じんの発生源が広範囲にわたっているなど，作業環境改善が技術的に困難である作業や臨時の作業などの場合には呼吸用保護具を使用します。呼吸用保護具を使用していれば他の粉じん対策の必要がないと考えるのは間違いです。粉じん作業に使用する有効な呼吸用保護具としては，**図 4-1** のような種類があります。

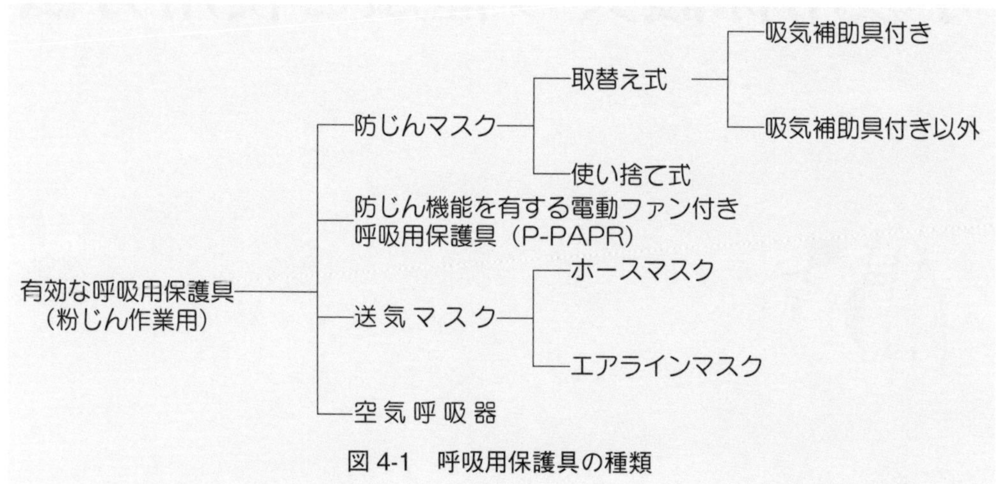

図 4-1　呼吸用保護具の種類

(1)　防じんマスク

粉じん作業に使用される呼吸用保護具としては，防じんマスクが広く使用されています。

防じんマスクには形状と性能により取替え式（吸気補助具付きおよびそれ以外）および使い捨て式があります。吸気補助具付きは，後述する電動ファン付き呼吸用保護具ほどではありませんが，電動ファンによる送風により着用者の息苦しさを軽減できます（**写真 4-1**）。

取替え式防じんマスクは，ろ過材が交換できる構造となっています（**図 4-2** 参照）。一方，使い捨て式防じんマスクは，ろ過材を成形して面体としており，使い捨てを原則としています。

防じんマスクは厚生労働省告示による規格があり，厚生労働大臣の登録を受け

取替え式（吸気補助具付き）

取替え式（吸気補助具付き以外）

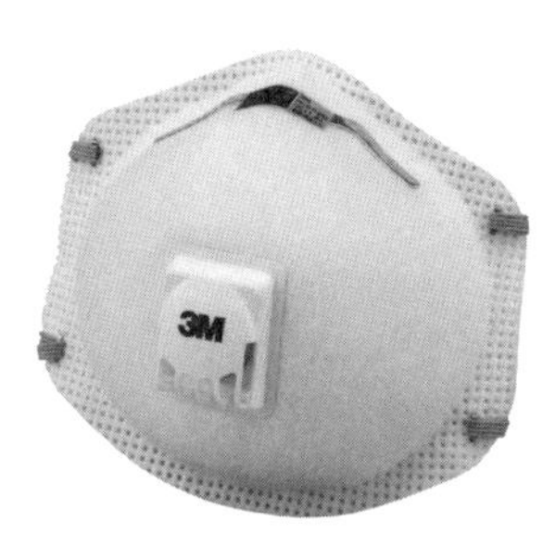

使い捨て式

写真 4-1　防じんマスクの例

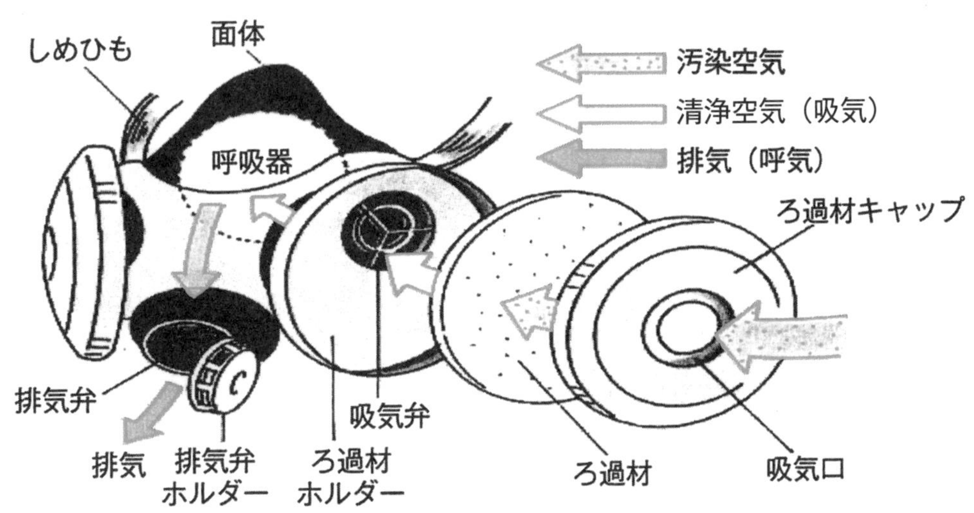

図 4-2　取替え式防じんマスク（半面形）の構造

た者が行う国家検定に合格したものでなければ，販売したり，使用してはいけないことになっています。

国家検定に合格したものには，**図 4-3** に示すようなマークがついていますので，このマークのあるものを使用しなければなりません。

防じんマスクの性能で最も重要なことは，粉じんがどの程度取れるかということであり，**表 4-1** のように区分されます。

高性能の防じんマスクでも，マスクの面体と装着者の顔面が密着していなかったり，排気弁の具合が悪かったりすると効果がないので注意してください。

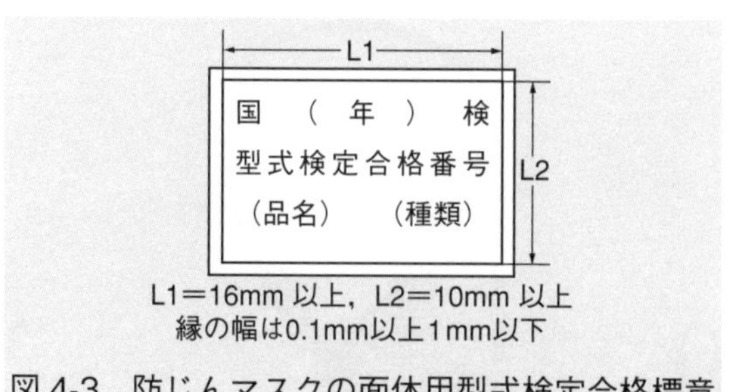

図 4-3　防じんマスクの面体用型式検定合格標章

表4-1　防じんマスクの性能による区分

種　類	等級別記号		粒子捕集効率（%）
	DOP 粒子による試験	NaCl 粒子による試験	
取替え式防じんマスク	RL1	RS1	80.0以上
	RL2	RS2	95.0以上
	RL3	RS3	99.9以上
使い捨て式防じんマスク	DL1	DS1	80.0以上
	DL2	DS2	95.0以上
	DL3	DS3	99.9以上

（等級別記号の意味）R：取替え式防じんマスク　D：使い捨て式防じんマスク
L：液体粒子による試験に合格している
S：固体粒子による試験に合格している

防じんマスクを選ぶ場合には国家検定に合格したもののうち，粉じん作業の種類に応じてマスクの性能，面体と顔面との密着性，使いやすさなどを考えあわせて適切なものを選ぶことが大切です。

(2)　防じん機能を有する電動ファン付き呼吸用保護具

防じん機能を有する電動ファン付き呼吸用保護具（以下「P-PAPR」といいます。）は，着用者の肺の吸引力ではなく，携帯している電動ファンによって環境空気を吸引し，粉じんをろ過材によって除去し，着用者に送風する方式の呼吸用保護具です。ずい道作業において動力を用いて鉱物を掘削し，積み込み，積み卸しまたはコンクリートを吹き付ける作業等では，厚生労働大臣の登録を受けた者が行う国家検定に合格したP-PAPRを使わなければなりません。さらにP-PAPRはその性能の高さから，これら以外の粉じん作業にも活用することが望ましいとされています。

P-PAPRには面体形とルーズフィット形があります（**写真4-2**）。面体形は送風量が十分であれば，面体の内部は陽圧に保たれるので，粉じんのマスク内への漏れ込みを少なくすることができます。ルーズフィット形（フード）は，面体形のように顔面を締めつけないので楽に装着することができます。面体形と比べて陽圧の程度は低いですが，フードのすそが肩付近まであり，送風が内から外へ流れることによって粉じんのマスク内への漏れ込みを抑えることができます。

面体形

ルーズフィット形
（フード）

ルーズフィット形
（フェイスシールド）

写真4-2　P-PAPRの例

(3) 送気マスク

送気マスクは，清浄な空気を送るホースがついているので作業する行動範囲が限られます。しかし軽くて使用時間に制限がないために，粉じんの濃度の高いところや，一定の場所での長時間の作業を行う場合に適しています。

研磨材を吹き付けて研磨する作業（サンドブラスト，ショットブラスト作業など）や研磨材を吹き付けて岩石，鉱物を彫る作業のうち，屋外で行う作業では，送気マスクを使用しなければなりません。これらの作業以外の粉じん作業であっても，粉じんの発散が著しい作業を行う場合には，送気マスクを使用することが望ましいといえます。

送気マスクは日本産業規格（JIS T 8153）に適合したものを使わなければなりません。

送気マスクには**写真 4-3** に示すとおりいろいろな種類がありますが，大別すると自然の大気を空気源とするホースマスクと，圧縮空気を空気源とするエアラインマスクがあります。

エアラインマスク

電動送風機形ホースマスク

肺力吸引形ホースマスク

写真 4-3　送気マスクの例

(4)　空気呼吸器

背中に背負ったボンベの空気を使って呼吸するのが空気呼吸器です（**写真4-4**）。有効に使用できる時間はボンベの容量と充てん圧力によって異なり，10～60分くらいのものが一般に普及しています。空気の消費量は作業者の体力や作業の強さによって変わり，したがって，同じ空気呼吸器でもこれらの条件によって使用できる時間が変わりますので注意を要します。

空気呼吸器は，日本産業規格（JIS T 8155）に適合したものを使わなければなりません。

一般に，事故時の緊急対応で使われることが多く，粉じん作業で使用することはきわめてまれな場合といえます。

写真4-4　空気呼吸器の例

2　防じんマスクの使用方法と手入れ

(1)　防じんマスクの使用方法

防じんマスクを使用するにあたっては，下の**写真 4-5** に示すような手順で装着します。また，次のような点について十分注意する必要があります。

① マスクには汚れた空気をきれいにするためのろ過材（使い捨て式防じんマスクの場合は，ろ過材と面体とが一体となっています）が使われていますが，ろ過材は乾いた状態で使用します。ろ過材がぬれていると息苦しくなります。

② 酸素濃度が 18%未満の場所で使用してはいけません。

③ 防じんマスクは粉じんやヒュームに対しては有効ですが，有害なガスや蒸気には効果がありません。

④ 着用する前に，その都度，防じんマスクの状態を点検します。

⑤ 着用したとき，接顔部の位置，しめひもの位置・締め方などが適切であることを確認します。

⑥ タオルなどを当てた上から防じんマスクを装着してはいけません。

⑦ 「接顔メリヤス」などを接顔部に付けないようにします。ただし，皮膚障害を起こすおそれがある場合で，密着性が良好の場合は，使用してもかまいません。

⑧ 着用者のひげ，もみあげ，前髪などが，密着性を阻害したり，排気弁の作動を妨害する状態で防じんマスクを使用してはいけません。

⑨ 使い捨て式防じんマスクを使用する場合には，その使用時間を把握し，マ

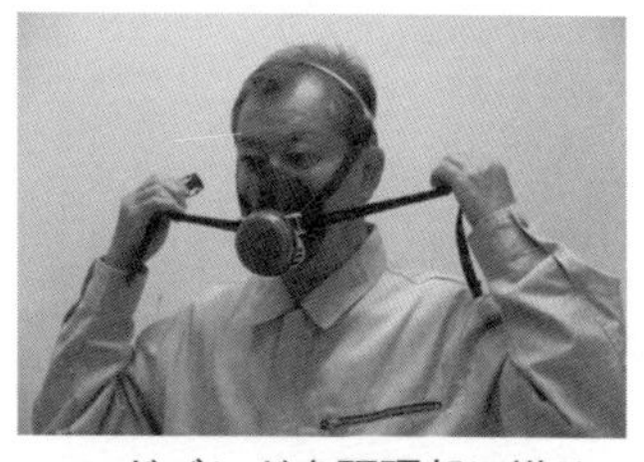

ヘッドバンドを頭頂部に掛け，マスクが鼻口部にくるようにしめひもを引っ張る。

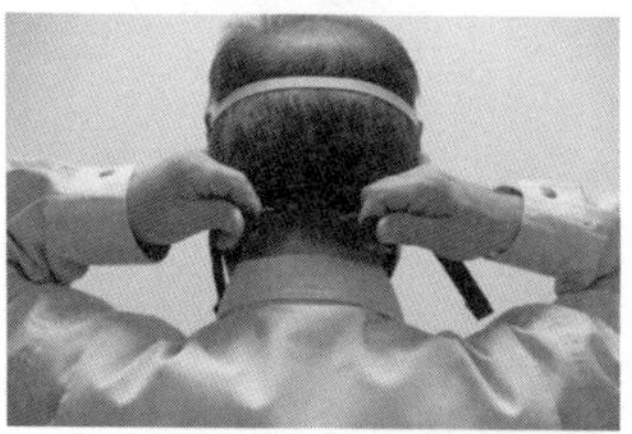

しめひものバックルを首の後ろで接続する。

マスクが顔に密着するように，しめひもの両端を引っ張りながら調節する。

写真 4-5　防じんマスクの着用の手順

スクに書かれている使用限度時間に達した場合には廃棄します。また，使用限度時間以内であってもろ過材（面体）に型くずれが見られる場合，また，目詰まりによって作業に支障をきたすような息苦しさが認められた場合も廃棄します。

(2)　防じんマスクの顔面への密着性の確認（シールチェック）

粒子捕集効率の高い防じんマスクであっても，着用者の顔面と防じんマスクの面体との密着性が十分でなく漏れがあると，粉じんの吸入を防ぐ効果が低下するため，防じんマスクの面体は，着用者の顔面に合った形状および寸法の接顔部を有するものを選択してください。特にろ過材の粒子捕集効率が高くなるほど，粉じんの吸入を防ぐ効果を上げるためには，密着性を確保する必要があります。その方法は作業時に着用する場合と同じように，防じんマスクを着用し，また保護帽，保護めがね等の着用が必要な作業にあっては，それらも同時に着用させ，次のいずれかの方法で密着性を確認してください。

①　陰圧法（取替え式防じんマスク）

防じんマスクの面体を顔面に押しつけないように，フィットチェッカー等を用いて吸気口をふさぎます。息をゆっくり吸って，防じんマスクの面体と顔面の隙間から空気が面体内に漏れ込まず，苦しくなり，面体が顔面に吸いつけられるかどうかを確認します（**図 4-4**）。

吸気口にフィットチェッカーを取り付けて２～３秒の時間をかけてゆっくりと息を吸い，面体が顔面に吸いつけば密着していると判断できます。

図 4-4　フィットチェッカーを用いたシールチェック

吸気口を手でふさぎ，息を吸い，面体が顔面に吸いつけば密着していると判断できます。

図 4-5　手を用いたシールチェック

あるいは，防じんマスクを装着したときに，作業者の手で吸気口を遮断して，吸気したとき苦しくなり，面体が吸いつく（密着する）ことを確認します（**図4-5**）。吸気口を手でふさいで吸ったとき漏れ込みを感じたら，もう一度正しく装着して再度漏れチェックします。面体を顔面に強く押しつけないように注意してください。

② 陽圧法

ア 取替え式防じんマスク

防じんマスクの面体を顔に押しつけないように，フィットチェッカー等を用いて排気口をふさぎます。息を吐いて，空気が面体内から流出せず，面体内に呼気が滞留することによって面体が膨張するかどうかを確認します。

イ 使い捨て式防じんマスク

使い捨て式防じんマスク全体を両手で覆い，息を吐きます。使い捨て式防じんマスクと顔の接触部分から息が漏れていないか確認します。

(3) 取替え式防じんマスクの手入れ

防じんマスクを有効に使用するためには，適切な種類のマスクを選定するだけでなく，平素から点検し，手入れをして十分性能を保つことが重要です。

このためには，次のような点に十分注意する必要があります。

① 使用後は十分に手入れを行い，面体の内部に粉じんが入らないような場所に保管しておかなければなりません。

使用後のマスクはその表面が粉じんで汚れ，また，ろ過材は湿っています。このためろ過材を取りはずした後，面体を中性洗剤などでよく洗い，日陰で乾かすようにします。ろ過材は軽くたたいて粉じんを払い落とします。

② マスクのゴムの部分は特に油や溶剤（ようざい）に弱いので，シンナーや揮発油（きはつゆ）でふいてはいけません。油汚れは中性洗剤を加えたぬるま湯で洗い落とした後，水洗いして乾燥させます。ゴムは紫外線に弱くひび割れを生じやすいので，直射日光に当たらない場所で乾燥させます。

③ 面体，吸気弁，排気弁，しめひもなどが劣化したり傷んだときは，取り替えます。マスクの面体と顔とのすき間から空気が漏れるようになったとき，または面体の一部が古くなったり，傷ついたりして空気が漏れるおそれのあるときは，新しい面体に取り替えます。

④　ろ過材は毎日交換するか，使用中に息苦しくなったら新しいろ過材に交換します。ろ過材を強くたたいたり，圧縮空気を吹き付けたりすると，捕集堆積した粉じんが飛散したり，ろ過材が破損するおそれがあるので絶対に行わないようにしてください。

3　要求防護係数と指定防護係数ならびにフィットテスト

(1)　金属アーク溶接等作業を継続して屋内作業場で行う場合

金属アーク溶接等作業を継続して行う屋内作業場では，個人ばく露測定により空気中の溶接ヒュームの濃度を測定し，その結果に応じて，以下の方法で「要求防護係数」に応じた呼吸用保護具の選択をします。

①　次の式で「要求防護係数」を計算します。

$$PFr = \frac{C}{0.05} \qquad \text{PFr：要求防護係数}$$

＊ C ＝溶接ヒュームの濃度測定結果のうち，マンガン濃度の最大の値を使用

＊ 0.05mg/㎥＝要求防護係数の計算に際してのマンガンに係る基準値

②　指定防護係数一覧（**表 4-2**）から「要求防護係数」を上回る「指定防護係数」を有する呼吸用保護具を選択，使用します。ただし，溶接ヒュームの場合は RS2，RL2 以上もしくは DS2，DL2 以上の防じんマスクを使用しなければなりません。

面体を有する呼吸用保護具を使用する場合は，1 年以内ごとに 1 回，定期に，呼吸用保護具の適切な装着の確認としてフィットテストを行う必要があります。フィットテストは，十分な知識および経験を有する者により，JIS T 8150（呼吸用保護具の選択，使用及び保守管理方法）等による方法で実施し，その確認の記録を 3 年間保存する必要があります。

（定量的フィットテスト）（**写真 4-6**）

①　呼吸用保護具の外側と内側の濃度を測定

大気粉じんを用いる漏れ率測定装置（マスクフィッティングテスターなど）を使って，呼吸用保護具の外側と内側の測定対象物質の濃度を測定します。

表4-2　指定防護係数一覧

呼吸用保護具の種類				指定防護係数	備考
防じんマスク	取替え式	全面形面体	RS3 又は RL3	50	RS1，RS2，RS3，RL1，RL2，RL3，DS1，DS2，DS3，DL1，DL2 及び DL3 は，防じんマスクの規格（昭和63年労働省告示第19号）第1条第3項の規定による区分であること。
			RS2 又は RL2	14	
			RS1 又は RL1	4	
		半面形面体	RS3 又は RL3	10	
			RS2 又は RL2	10	
			RS1 又は RL1	4	
	使い捨て式		DS3 又は DL3	10	
			DS2 又は DL2	10	
			DS1 又は DL1	4	
防じん機能を有する電動ファン付き呼吸用保護具	全面形面体	S級	PS3 又は PL3	1,000	S級，A級及びB級は，電動ファン付き呼吸用保護具の規格（平成26年厚生労働省告示第455号）第1条第4項の規定による区分であること。PS1，PS2，PS3，PL1，PL2 及び PL3 は，同条第5項の規定による区分であること。
		A級	PS2 又は PL2	90	
		A級又はB級	PS1 又は PL1	19	
	半面形面体	S級	PS3 又は PL3	50	
		A級	PS2 又は PL2	33	
		A級又はB級	PS1 又は PL1	14	
	フード形又はフェイスシールド形	S級	PS3 又は PL3	25	
		A級		20	
		S級又はA級	PS2 又は PL2	20	
		S級，A級又はB級	PS1 又は PL1	11	
その他の呼吸用保護具	循環式呼吸器	全面形面体	圧縮酸素形かつ陽圧形	10,000	
			圧縮酸素形かつ陰圧形	50	
			酸素発生形	50	
		半面形面体	形	50	
			圧縮酸素形かつ陽圧形	10	
			酸素発生形	10	
	空気呼吸器	全面形面体	プレッシャデマンド形	10,000	
			デマンド形	50	
		半面形面体	プレッシャデマンド形	50	
			デマンド形	10	
	エアラインマスク	全面形面体	プレッシャデマンド形	1,000	
			デマンド形	50	
			一定流量形	1,000	
		半面形面体	プレッシャデマンド形	50	
			デマンド形	10	
			一定流量形	50	
		フード形又はフェイスシールド形	一定流量形	25	
	ホースマスク	全面形面体	電動送風機形	1,000	S級は，電動ファン付き呼吸用保護具の規格（平成26年厚生労働省告示第455号）第1条第4項，PS3及びPL3は，同条第5項の規定による区分であること。 注：呼吸用保護具の製造業者による作業場所防護係数または模擬作業場所防護係数の測定結果が，表中の指定防護係数値以上であることを示す技術資料が提供されている製品だけに適応する。
			手動送風機形又は肺力吸引形	50	
		半面形面体	電動送風機形	50	
			手動送風機形又は肺力吸引形	10	
		フード形又はフェイスシールド形	電動送風機形	25	
半面形面体を有する電動ファン付き呼吸用保護具		S級かつPS3又はPL3		300	
フード形の電動ファン付き呼吸用保護具				1,000	
フェイスシールド形の電動ファン付き呼吸用保護具				300	
フード形のエアラインマスク		一定流量形		1,000	

（令和2年厚生労働省告示第286号別表第1～4より）

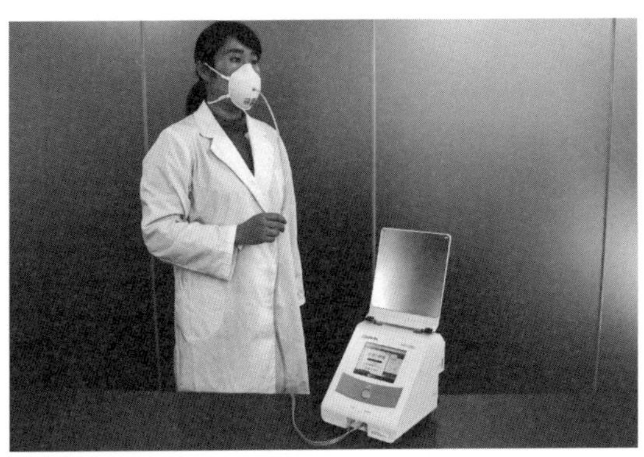

写真 4-6　定量的フィットテスト

②　「フィットファクタ」(当該労働者の呼吸用保護具が適切に装着されている程度を示す係数）を算出

次の式で「フィットファクタ」を算出します。

$$\text{フィットファクタ} = \frac{\text{呼吸用保護具の外側の測定対象物質の濃度}}{\text{呼吸用保護具の内側の測定対象物質の濃度}}$$

③　「要求フィットファクタ」を上回っているかを確認

②の「フィットファクタ」が「要求フィットファクタ」を上回っているかを確認します（**表 4-3**)。上回っていれば呼吸用保護具は適切に装着されていることになります。

表 4-3　要求フィットファクタ

呼吸用保護具の種類	要求フィットファクタ
全面形面体を有するもの	500
半面形面体を有するもの	100

(定性的フィットテスト)（**写真 4-7**）

①　人の味覚による試験

一般的に味覚をもつサッカリンナトリウム（以下「サッカリン」という。）の溶液を使用します。

②　被験者は呼吸用保護具の面体を着用し、頭部を覆うフィットテスト用フードをかぶり、規定の動作を行う間、計画的な時間間隔でフード内にサッカリン溶液を噴霧します。

最終的に被験者がサッカリンの甘味を感じなければ、その面体は被験者に

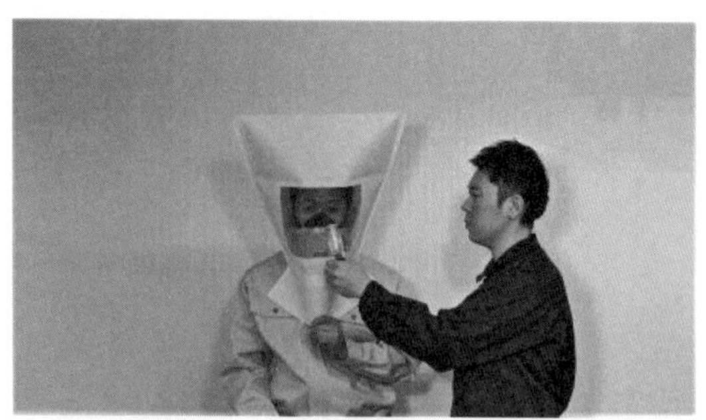

写真 4-7　定性的フィットテスト

フィットし、フィットファクタが100以上であると判定されます。

③　定性的フィットテストが行えるのは、半面形面体だけです。

（フィットテストの記録の方法）

確認を受けた者の氏名、確認の日時、装着の良否などと、外部に委託して行った場合はその受託者の名称を記録してください（**表 4-4**）。

表 4-4　フィットテストの記録例

確認を受けた者	確認の日時	装着の良否	備　　考
甲山一郎	12/8　10:00	良	○○社に委託して実施（以下同じ）
乙田次郎	12/8　10:30	否（1回目） 良（2回目）	最初のテストで不合格となったが、マスクの装着方法を改善し、2回目で合格となった。

(2)　作業環境測定の評価結果が第3管理区分に区分された場合

作業環境測定の評価結果が第3管理区分に区分された場合は、いろいろな改善を行い、改善できない場合、(1)の金属アーク溶接等作業を継続して屋内作業場で行う場合と同様に、「要求防護係数」を上回る「指定防護係数」を有する呼吸用保護具を選択、使用します。

また、面体を有する呼吸用保護具を使用する場合は、1年以内ごとに1回、定期に、呼吸用保護具の適切な装着の確認としてフィットテストを行う必要があります。

フィットテストの方法、記録は(1)と同じです。

第 5 章

関係法令のあらまし

●学習のポイント●

労働安全衛生法や粉じん障害防止規則などの法令の，粉じん作業について守らなければならない決まりを学びます。

1　関係法令を学ぶ前に

(1)　関係法令を学ぶ重要性 ～関係法令は，労働災害防止のノウハウの集まり～

法令とは，法律とそれに関係する政令，省令，告示等を含めた総称です。

法令等で定められたことを理解しそれを守ることは，法令遵守として最も基本的な当然のことですが，労働安全衛生法等を守るということは単に法令遵守ということだけでなく，労働災害の防止を具体的にどのようにしたらよいかを知るためにも特にその理解は重要といえます。

なぜなら労働安全衛生法等は，過去に発生した多くの労働災害の貴重な教訓のうえに，今後どのようにすればその労働災害が防げるかを具体的に示しているからです。

労働災害を防止するためには，企業の安全衛生の水準を向上させていくための自主的安全衛生管理も重要です。例えばリスクアセスメントに関することは，事業者の努力義務（所定の化学物質については実施が義務）として規定されており，具体的にリスクアセスメント等を進めるために必要な事項は，指針として定められています。

労働安全衛生法等では，このように事業者として労働災害防止のために実施することが望ましい事項等を努力義務や指針という形で定めています。関係法令を学ぶということは，このような指針等も含めて理解するということです。

(2)　関係法令を学ぶうえで知っておくべきこと

(ア)　法令と法律

国が企業や国民にその履行，遵守を強制するものが法律です。しかし，法律の条文だけでは，具体的に何をしなければならないかはよくわからないため，その対象は何か，具体的に行うべきことは何かを，政令や省令で具体的に明らかにしています。

◆法律・・・国会が定めるもの。社会生活を送っていくときに，守らなければならないこととして，国（国会）が定めたもの。

◆政令・・・内閣が制定する命令。一般に○○法施行令という名称です（例：労働安全衛生法施行令）。

◆省令・・・各省の大臣が制定する命令。省令は，○○法施行規則や○○規則という名称です（例：労働基準法施行規則，労働安全衛生規則，粉じん障害防止規則）。

◆告示・・・一定の事項を法令に基づき広く知らせるためのもの。

労働安全衛生法では，例えば第22条の場合，次のように書かれています。

（事業者の講ずべき措置等）
第22条　事業者は，次の健康障害を防止するため必要な措置を講じなければならない。
1　原材料，ガス，蒸気，粉じん，酸素欠乏空気，病原体等による健康障害
2～4　（略）

この労働安全衛生法第22条に基づく措置として，労働安全衛生規則第582条では次のように，具体的に行わなければいけないことが定められています。

（粉じんの飛散の防止）
第582条　事業者は，粉じんを著しく飛散する屋外又は坑内の作業場においては，注水その他の粉じんの飛散を防止するため必要な措置を講じなければならない。

このように，法律を理解するということは，政令，規則等を含めた関係法令として理解をする必要があります。

法律は，何をしなければならないか，その基本的，根本的なことのみを書き，それが守られないときには，どれだけの処罰を受けるかを明らかにしています。

政令は，主に法律が対象とするものの範囲などを定め，省令（規則）では具体的に行わなければならないことを定めています。

これは，法律にすべてを書くと，その時々の状況や必要で追加や修正を行おうとしたときに時間がかかるため，詳細は比較的容易に変更が可能な政令や省令に書くこととしているためです。

(ｲ)　通達，解釈例規

通達は，法令の適正な運営のために，行政内部で発出される文書のことをいいます。通達には2つの種類があります。一つは，解釈例規といわれるもので，行

政として所管する法令の具体的判断や取扱基準を示すもの。もう一つは，法令の施行の際の留意点や考え方等を示したものです。通達は，番号（基発第○○号など）と年月日で区別されます。

法律に定められたことを守るということ，すなわち法令遵守のためには，労働安全衛生法などの法律だけでなく，具体的に実施すべき内容についても理解することが必要で，そのためには，法律から政令，省令，告示，公示まで理解する必要があります。さらに，行政内部の文書である通達（行政通達）についても理解しておくことが望まれます。

2　労働安全衛生法のあらまし

労働安全衛生法は，労働条件の最低基準を定めている労働基準法と相まって，

① 事業場内における安全衛生管理の責任体制の明確化

② 危害防止基準の確立

③ 事業者の自主的安全衛生活動の促進

等の措置を講ずる等の総合的，計画的な対策を推進することにより，労働者の安全と健康を確保し，さらに快適な作業環境の形成を促進することを目的として昭和 47 年に制定されました。その後何回か改正が行われて現在に至っています。

労働安全衛生法は，労働安全衛生法施行令，労働安全衛生規則等で適用の細部を定めているほか，粉じんなどの取扱い業務について事業者の講ずべき措置の基準は特別規則（粉じん障害防止規則）で細かく定めています。労働安全衛生法と関係法令のうち，労働衛生に係わる法令の関係を示すと**図 5-1** のようになります。

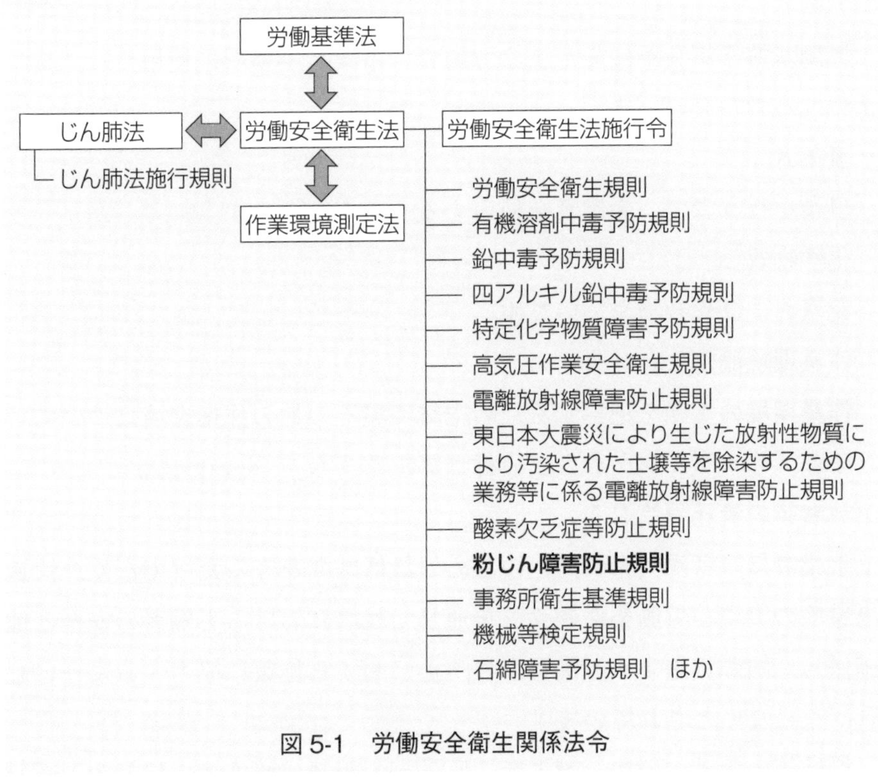

図 5-1　労働安全衛生関係法令

(1)　総則（第１条～第５条）

労働安全衛生法（以下「安衛法」という。）の目的，法律に出てくる用語の定義，事業者の責務，労働者の協力，事業者に関する規定の適用について定めています。

1）目的（第１条）

労働基準法と相まって，労働災害の防止のための危害防止基準の確立，責任体制の明確化，自主的活動の促進の措置を講ずる等の総合的計画的な対策を推進することにより職場における労働者の安全と健康を確保するとともに，快適な職場環境の形成を促進することを目的としています。

2）定義（第２条）

(ア)　労働災害

労働者の就業に係る建設物，設備，原材料，ガス，蒸気，粉じん等により，または作業行動その他業務に起因して，労働者が負傷し，疾病にかかり，または死亡することをいいます。

(イ)　労働者

労働基準法第９条に規定する労働者（事業，事務所に使用され，賃金を支払われる者）をいいます。

(ウ)　事業者

事業を行う者で，労働者を使用するものをいいます。

(エ)　化学物質

元素および化合物をいいます。

(オ)　作業環境測定

作業環境の実態を把握するため空気環境その他の作業環境について行うデザイン，サンプリングおよび分析（解析を含む。）をいいます。

3）事業者等の責務（第３条）

①　事業者は，労働災害の防止のための最低基準を守るだけでなく，快適な職場環境の実現と労働条件の改善を通じて職場における労働者の安全と健康を確保し，国が実施する労働災害の防止に関する施策に協力するようにしなければならないとされています。

②　機械等の設計・製造・輸入者，原材料の製造・輸入者，建設物の建設・設計者は，設計・製造・輸入または建設の際に，これらの物が使用されること

による労働災害の発生防止に資するように努めなければならないとされています。

③　建設工事の注文者等は，施工方法，工期等について，安全で衛生的な作業ができるように配慮しなければならないとされています。

4）労働者の責務（第４条）

労働者は，労働災害を防止するため必要な事項を守るほか，事業者等が実施する労働災害の防止措置に協力するように努めなければならないとされています。

⑵　労働災害防止計画（第６条～第９条）

労働災害の防止に関する総合的計画的な対策を図るために，厚生労働大臣が策定する「労働災害防止計画」の策定等について定めています。

⑶　安全衛生管理体制（第10条～第19条の3）

企業の安全衛生活動を確立させ，的確に促進させるために安衛法では組織的な安全衛生管理体制について規定しており，安全衛生組織には次の２通りのものがあります。

㋐　労働災害防止のための一般的な安全衛生管理組織

これには①総括安全衛生管理者，②安全管理者，③衛生管理者（衛生工学衛生管理者を含む），④安全衛生推進者，⑤産業医，⑥作業主任者，があり，安全衛生に関する調査審議機関として，安全委員会および衛生委員会ならびに安全衛生委員会があります。

安衛法では，安全衛生管理が企業の生産ラインと一体的に運用されることを期待し，一定規模以上の事業場には当該事業の実施を統括管理する者をもって総括安全衛生管理者を充てることとしています。安衛法第10条には，総括安全衛生管理者に安全管理者，衛生管理者等を指揮させるとともに，次の業務を統括管理させることが規定されています。

①　労働者の危険または健康障害を防止するための措置に関すること

②　労働者の安全または衛生のための教育の実施に関すること

③　健康診断の実施その他健康の保持増進のための措置に関すること

④　労働災害の原因の調査および再発防止対策に関すること

⑤　安全衛生に関する方針の表明に関すること

⑥　危険性または有害性等の調査（リスクアセスメント）およびその結果に基づき講ずる措置に関すること

⑦　安全衛生に関する計画の作成，実施，評価および改善に関すること

また，安全管理者および衛生管理者は，①から⑦までの業務の安全面および衛生面の実務管理者として位置付けられており，安全衛生推進者や産業医についても，その役割が明確に規定されています。

作業主任者については，安衛法第14条に規定されています。

(イ)　一の場所において，請負契約関係下にある数事業場が混在して事業を行うことから生ずる労働災害防止のための安全衛生管理組織

これには，①統括安全衛生責任者，②元方安全衛生管理者，③店社安全衛生管理者および④安全衛生責任者，があり，また関係請負人を含めて協議組織があります。

統括安全衛生責任者は，当該場所においてその事業の実施を統括管理する者をもって充てることとし，その職務として当該場所において各事業場の労働者が混在して働くことによって生ずる労働災害を防止するための事項を統括管理することとされています（建設業および造船業）。

また，建設業の統括安全衛生責任者を選任した事業場は，元方安全衛生管理者を置き，統括安全衛生管理者の職務のうち技術的事項を管理させることとなっています。

統括安全衛生責任者および元方安全衛生管理者を選任しなくてもよい場合であっても，一定のもの（中小規模の建設現場）については，店社安全衛生管理者を選任し，当該場所において各事業場の労働者が混在して働くことによって生ずる労働災害を防止するための事項に関する必要な措置を担当する者に対し指導を行う，毎月1回建設現場を巡回するなどの業務を行わせることとされています。

さらに，下請事業における安全衛生管理体制を確立するため，統括安全衛生責任者を選任すべき事業者以外の請負人においては，安全衛生責任者を置き，統括安全衛生責任者からの指示，連絡を受け，これを関係者に伝達する等の措置をとらなければならないこととなっています。

なお，安衛法第19条の2には，労働災害防止のための業務に従事する者に対し，その業務に関する能力の向上を図るための教育を受けさせるよう努めることが規定されています。

(4)　労働者の危険または健康障害を防止するための措置（第 20 条～第 36 条）

労働災害防止の基礎となる，いわゆる危害防止基準を定めたもので，①事業者の講ずべき措置，②厚生労働大臣による技術上の指針の公表，③事業者の行うべき調査等，④元方事業者の講ずべき措置，⑤注文者の講ずべき措置，⑥機械等貸与者等の講ずべき措置，⑦建築物貸与者の講ずべき措置，⑧重量物の重量表示，などが定められています。

(5)　機械等並びに危険物及び有害物に関する規制（第 37 条～第 58 条）

(ア)　譲渡等の制限

機械等に関する安全を確保するには，製造，流通段階において一定の基準により規制することが重要です。そこで安衛法では，危険もしくは有害な作業を必要とするもの，危険な場所において使用するものまたは危険または健康障害を防止するため使用するもののうち一定のものは，厚生労働大臣の定める規格または安全装置を具備しなければ譲渡し，貸与し，または設置してはならないこととしています。

(イ)　型式検定・個別検定

(ア)　の機械等のうち，さらに一定のものについては個別検定または型式検定を受けなければならないこととされています。

(ウ)　定期自主検査

一定の機械等について，使用開始後一定の期間ごとに定期的に所定の機能を維持していることを確認するために検査を行わなければならないこととされています。

(エ)　危険物および化学物質に関する規制

危険物や化学物質について，製造の禁止や許可，容器等へのラベル表示および文書による有害性情報の提供等の義務について定めています。また，所定の化学物質についてのリスクアセスメント実施義務についても規定されています。

(6)　労働者の就業に当たっての措置（第 59 条～第 63 条）

労働災害を防止するためには，作業に就く労働者に対する安全衛生教育の徹底等もきわめて重要なことです。このような観点から安衛法では，新規雇入れ時のほか，作業内容変更時においても安全衛生教育を行うべきことを定め，また，職長その他の現場監督者に対する安全衛生教育についても規定しています。

特定の危険業務に労働者を就業させる時は，一定の有資格者でなければその業務に就かせてはなりません。

(7) 健康の保持増進のための措置（第64条～第71条）

安衛法では，労働者の健康の保持増進のため，作業環境測定や健康診断，面接指導，ストレスチェック等の実施について定めています。

(8) 快適な職場環境の形成のための措置（第71条の2～第71条の4）

労働者がその生活時間の多くを過ごす職場について，疲労やストレスを感じることが少ない快適な職場環境を形成する必要があります。安衛法では，事業者が講ずる措置について規定するとともに，国は，快適な職場環境の形成のための指針を公表することとしています。

(9) 免許等（第72条～第77条）

危険・有害業務であり労働災害を防止するために管理を必要とする作業について選任を義務付けられている作業主任者や特殊な業務に就く者に必要とされる資格，技能講習，試験等についての規定がなされています。

(10) 事業場の安全または衛生に関する改善措置等（第78条～第87条）

労働災害の防止を図るため，総合的な改善措置を講ずる必要がある事業場については，都道府県労働局長が安全衛生改善計画の作成を指示し，その自主的活動によって安全衛生状態の改善を進めることが制度化されています。

この際，企業外の民間有識者の安全及び労働衛生についての知識を活用し，企業における安全衛生についての診断や指導に対する需要に応ずるため，労働安全・労働衛生コンサルタント制度が設けられています。

なお，一定期間内の重大な労働災害を同一企業の複数の事業場で繰り返して発生させた企業には，厚生労働大臣が特別安全衛生改善計画の策定を指示することができると規定しています。また，企業が計画の作成指示や変更指示に従わない場合や計画を実施しない場合には厚生労働大臣が当該事業場に勧告を行い，勧告に従わない場合には企業名を公表することができるとされています。

⑾ 監督等，雑則および罰則（第 88 条～第 123 条）

㈠ 計画の届出

一定の機械等を設置し，もしくは移転し，またはこれらの主用構造部分を変更しようとする事業者には，当該計画を事前に労働基準監督署長に届け出る義務を課し，事前に法令違反がないかどうかの審査が行われることとなっています。

㈡ 罰則

安衛法は，その厳正な運用を担保するため，違反に対する罰則について 12 カ条の規定を置いています。

また，同法は，事業者責任主義を採用し，その第 122 条で両罰規定を設けて各本条が定めた措置義務者（事業者）のほかに，法人の代表者，法人または人の代理人，使用人その他の従事者がその法人または人の業務に関して，それぞれの違反行為をしたときの従事者が実行行為者として罰されるほか，その法人または人に対しても，各本条に定める罰金刑を科すこととされています。なお，安衛法第 20 条から第 25 条の 2 に規定される事業者の講じた危害防止措置または救護措置等に関し，第 26 条により労働者は遵守義務を負い，これに違反した場合も罰金刑が課せられます。

3　粉じん障害防止規則等のあらまし

（粉じん障害防止規則：昭和54年4月25日労働省令第18号,
改正　令和5年4月24日厚生労働省令第70号）

(1)　事業者の責務

事業者は，粉じんにさらされる作業者が，粉じんを吸入することによりじん肺にかかることを防ぐための措置を講ずるように努めなければならないとされています（粉じん障害防止規則（以下「粉じん則」という。）第1条）。

（事業者の責務）
第1条　事業者は，粉じんにさらされる労働者の健康障害を防止するため，設備，作業工程又は作業方法の改善，作業環境の整備等必要な措置を講ずるよう努めなければならない。
②　事業者は，じん肺法（昭和35年法律第30号）及びこれに基づく命令並びに労働安全衛生法（以下「法」という。）に基づく他の命令の規定によるほか，粉じんにさらされる労働者の健康障害を防止するため，健康診断の実施，就業場所の変更，作業の転換，作業時間の短縮その他健康管理のための適切な措置を講ずるよう努めなければならない。

(2)　規則の対象範囲

(ア)　粉じん作業

粉じん則第2条第1項第1号および同規則別表第1に掲げる作業を「粉じん作業」として定めています。どんな作業が粉じん作業であるのかは，86ページの一覧表の「粉じん作業」の欄（らん）をみてください。

(イ)　特定粉じん作業，特定粉じん発生源

粉じん作業のうち，作業の方法，粉じんの発生の仕方などから一定の発生源対策を行う必要があり，有効な発生源対策を行うことができるものを「特定粉じん作業」としており（粉じん則第2条第1項第3号），その粉じん発生源を「特定粉じん発生源」としています（同項第2号）。この特定粉じん発生源は15の作業場所（箇所）が示されています（粉じん則別表第2)。内容については86ページの一覧表の「特定粉じん発生源」の欄をみてください。

（定義等）

第2条 この省令において，次の各号に掲げる用語の意義は，それぞれ当該各号に定めるところによる。

1 粉じん作業 別表第1に掲げる作業のいずれかに該当するものをいう。ただし，当該作業場における粉じんの発散の程度及び作業の工程その他からみて，この省令に規定する措置を講ずる必要がないと当該作業場の属する事業場の所在地を管轄する都道府県労働局長（以下「所轄都道府県労働局長」という。）が認定した作業を除く。

2 特定粉じん発生源 別表第2に掲げる箇所をいう。

3 特定粉じん作業 粉じん作業のうち，その粉じん発生源が特定粉じん発生源であるものをいう。

②～⑥ （略）

(3) 設備等の基準

(ア) 特定粉じん作業を行う場合

事業者は，特定粉じん作業を行う場合には，特定粉じん発生源に対し，密閉する設備の設置，局所排気装置の設置，プッシュプル型換気装置の設置，湿潤な状態に保つための設備の設置などの措置を行わなければならないとされています（粉じん則第4条）。各特定粉じん発生源についてどのような措置を講じればよいかは，87ページの一覧表の「特定粉じん発生源に係る措置」の欄をみてください。

（特定粉じん発生源に係る措置）

第4条 事業者は，特定粉じん発生源における粉じんの発散を防止するため，次の表の上欄（編注・86ページ右欄）に掲げる特定粉じん発生源について，それぞれ同表の下欄（編注・87ページ左欄）に掲げるいずれかの措置又はこれと同等以上の措置を講じなければならない。

(イ) 特定粉じん作業以外の粉じん作業を行う場合

特定粉じん作業以外の粉じん作業を行う場合には，事業者は屋内作業場については全体換気装置による換気などを，坑内作業場については換気装置による換気などを行わなければならないとされています（粉じん則第5条，第6条および第6条の2)。

> （換気の実施等）
> **第5条**　事業者は，特定粉じん作業以外の粉じん作業を行う屋内作業場については，当該粉じん作業に係る粉じんを減少させるため，全体換気装置による換気の実施又はこれと同等以上の措置を講じなければならない。
> （換気の実施等）
> **第6条**　事業者は，特定粉じん作業以外の粉じん作業を行う坑内作業場（ずい道等（ずい道及びたて坑以外の坑（採石法（昭和25年法律第291号）第2条に規定する岩石の採取のためのものを除く。）をいう。以下同じ。）の内部において，ずい道等の建設の作業を行うものを除く。）については，当該粉じん作業に係る粉じんを減少させるため，換気装置による換気の実施又はこれと同等以上の措置を講じなければならない。
> **第6条の2**　事業者は，粉じん作業を行う坑内作業場（ずい道等の内部において，ずい道等の建設の作業を行うものに限る。次条及び第6条の4第2項において同じ。）については，当該粉じん作業に係る粉じんを減少させるため，換気装置による換気の実施又はこれと同等以上の措置を講じなければならない。

(ウ)　粉じん作業を行う坑内作業場について，半月以内ごとに1回，定期に空気中の粉じん濃度(遊離けい酸含有率を含む)を測定しなければなりません。ただし，測定が著しく困難であるなどの場合には，測定しなくてもよいとされています。

なお，粉じん濃度の測定結果に応じて換気装置の風量の増加等の対策を講じる必要があります（粉じん則第6条の3，第6条の4)。

> **第6条の3**　事業者は，粉じん作業を行う坑内作業場について，半月以内ごとに1回，定期に，厚生労働大臣の定めるところにより，当該坑内作業場の切羽に近接する場所の空気中の粉じんの濃度を測定し，その結果を評価しなければならない。ただし，ずい道等の長さが短いこと等により，空気中の粉じんの濃度の測定が著しく困難である場合は，この限りでない。
> ②　事業者は，粉じん作業を行う坑内作業場において前項の規定による測定を行うときは，厚生労働大臣の定めるところにより，当該坑内作業場における粉じん中の遊離けい酸の含有率を測定しなければならない。ただし，当該坑内作業場における鉱物等中の遊離けい酸の含有率が明らかな場合にあつては，この限りでない。

第６条の４　事業者は，前条第１項の規定による空気中の粉じんの濃度の測定の結果に応じて，換気装置の風量の増加その他必要な措置を講じなければならない。

②～④　(略)

(エ)　臨時の粉じん作業を行うような場合であって，事業者が作業者に国家検定に合格した防じんマスクなど有効な呼吸用保護具（作業によっては電動ファン付き呼吸用保護具が義務付けられています）を使用させたときは，換気装置等による換気や粉じん濃度の測定などの措置を行わなくてもよいとされています（粉じん則第７条）。

（臨時の粉じん作業を行う場合等の適用除外）

第７条　第４条及び前三条の規定は，次の各号のいずれかに該当する場合であつて，事業者が，当該特定粉じん作業に従事する労働者に対し，有効な呼吸用保護具（別表第３第１号の２又は第２号の２に掲げる作業を行う場合にあつては，電動ファン付き呼吸用保護具に限る。以下この項において同じ。）を使用させたとき（当該特定粉じん作業の一部を請負人に請け負わせる場合にあつては，当該特定粉じん作業に従事する労働者に対し，有効な呼吸用保護具を使用させ，かつ，当該請負人に対し，有効な呼吸用保護具を使用する必要がある旨を周知させたとき）は，適用しない。

1　臨時の特定粉じん作業を行う場合

2　同一の特定粉じん発生源に係る特定粉じん作業を行う期間が短い場合

3　同一の特定粉じん発生源に係る特定粉じん作業を行う時間が短い場合

②　第５条から前条までの規定は，次の各号のいずれかに該当する場合であつて，事業者が，当該粉じん作業に従事する労働者に対し，有効な呼吸用保護具（別表第３第３号の２に掲げる作業を行う場合にあつては，電動ファン付き呼吸用保護具に限る。以下この項において同じ。）を使用させたとき（当該粉じん作業の一部を請負人に請け負わせる場合にあつては，当該粉じん作業に従事する労働者に対し，有効な呼吸用保護具を使用させ，かつ，当該請負人に対し，有効な呼吸用保護具を使用する必要がある旨を周知させたとき）は，適用しない。

1　臨時の粉じん作業であつて，特定粉じん作業以外のものを行う場合

2　同一の作業場において特定粉じん作業以外の粉じん作業を行う期間が短い

場合

3　同一の作業場において特定粉じん作業以外の粉じん作業を行う時間が短い場合

令和5年3月27日厚生労働省令第29号の改正により，令和5年10月1日より第7条中の一部文言が以下のとおり改正される。

第1項中「電動ファン付き呼吸用保護具」を「防じん機能を有する電動ファン付き呼吸用保護具又は防毒機能を有する電動ファン付き呼吸用保護具であつて防じん機能を有するもの」に改める。

第2項中「電動ファン付き呼吸用保護具」を「防じん機能を有する電動ファン付き呼吸用保護具又は防毒機能を有する電動ファン付き呼吸用保護具であつて防じん機能を有するもの」に改める。

(オ)　特定粉じん作業を行う場合で，使用前の直径が300mm未満の研削といしを使用した特定粉じん作業を行う等一定の場合については，事業者が作業者に国家検定に合格した防じんマスクなどの有効な呼吸用保護具を使用させ，かつ，屋内作業場にあっては全体換気装置による換気を，坑内作業場にあっては換気装置による換気を行ったときには，前述の(ア)の措置を行わなくてもよいとされています（粉じん則第8条）。

（研削といし等を用いて特定粉じん作業を行う場合の適用除外）

第8条　第4条の規定は，次の各号のいずれかに該当する場合であつて，事業者が，当該特定粉じん作業に従業する労働者に対し，有効な呼吸用保護具を使用させたとき（当該特定粉じん作業の一部を請負人に請け負わせる場合にあつては，当該労働者に対し，有効な呼吸用保護具を使用させ，かつ，当該請負人に対し，有効な呼吸用保護具を使用する必要がある旨を周知させたとき）は，適用しない。この場合において，事業者は，屋内作業場にあつては全体換気装置による換気を，坑内作業場にあっては換気装置による換気を実施しなければならない。

1　使用前の直径が300ミリメートル未満の研削といしを用いて特定粉じん作業を行う場合

2　破砕又は粉砕の最大能力が毎時20キログラム未満の破砕機又は粉砕機を用いて特定粉じん作業を行う場合

3　ふるい面積が700平方センチメートル未満のふるい分け機を用いて特定粉

じん作業を行う場合
4 内容積が18リットル未満の混合機を用いて特定粉じん作業を行う場合

(カ) 事業者は，一定の特定粉じん発生源（86ページの一覧表をみてください）に設けられる局所排気装置およびプッシュプル型換気装置については，除じん装置を設けなければならないとされています（粉じん則第10条）。

（除じん装置の設置）
第10条 事業者は，第4条の規定により設ける局所排気装置のうち，別表第2第6号から第9号まで，第14号及び第15号に掲げる特定粉じん発生源（別表第2第7号に掲げる特定粉じん発生源にあつては，一事業場当たり10以上の特定粉じん発生源（前三条の規定により，第4条の規定が適用されない特定粉じん作業に係る特定粉じん発生源を除く。）を有する場合に限る。）に係るものには，除じん装置を設けなければならない。
② 事業者は，第4条の規定により設けるプッシュプル型換気装置のうち，別表第2第7号，第9号，第14号及び第15号に掲げる特定粉じん発生源（別表第2第7号に掲げる特定粉じん発生源にあつては，一事業場当たり10以上の特定粉じん発生源（前三条の規定により，第4条の規定が適用されない特定粉じん作業に係る特定粉じん発生源を除く。）を有する場合に限る。）に係るものには，除じん装置を設けなければならない。

(4) 設備の性能等

局所排気装置，プッシュプル型換気装置および除じん装置については，その備えるべき構造要件，稼働の性能要件等が定められています。また，湿式型の衝撃式削岩機と粉じん発生源を湿潤な状態に保つための設備についても必要な要件が定められています（粉じん則第11条～第16条）。

（局所排気装置等の要件）
第11条 事業者は，第4条又は第27条第1項ただし書の規定により設ける局所排気装置については，次に定めるところに適合するものとしなければならない。

1　フードは，粉じんの発生源ごとに設けられ，かつ，外付け式フードにあつては，当該発生源にできるだけ近い位置に設けられていること。

2　ダクトは，長さができるだけ短く，ベンドの数ができるだけ少なく，かつ，適当な箇所に掃除口が設けられている等掃除しやすい構造のものであること。

3　前条第1項の規定により除じん装置を付設する局所排気装置の排風機は，除じんをした後の空気が通る位置に設けられていること。ただし，吸引された粉じんによる爆発のおそれがなく，かつ，ファンの腐食又は摩耗のおそれがないときは，この限りでない。

4　排出口は，屋外に設けられていること。ただし，移動式の局所排気装置又は別表第2第7号に掲げる特定粉じん発生源に設ける局所排気装置であつて，ろ過除じん方式又は電気除じん方式による除じん装置を付設したものにあつては，この限りでない。

5　厚生労働大臣が定める要件を具備していること。

②　事業者は，第4条又は第27条第1項ただし書の規定により設けるプッシュプル型換気装置については，次に定めるところに適合するものとしなければならない。

1　ダクトは，長さができるだけ短く，ベンドの数ができるだけ少なく，かつ，適当な箇所に掃除口が設けられている等掃除しやすい構造のものであること。

2　前条第2項の規定により除じん装置を付設するプッシュプル型換気装置の排風機は，除じんをした後の空気が通る位置に設けられていること。ただし，吸引された粉じんによる爆発のおそれがなく，かつ，ファンの腐食又は摩耗のおそれがないときは，この限りでない。

3　排出口は，屋外に設けられていること。ただし，別表第2第7号に掲げる特定粉じん発生源に設けるプッシュプル型換気装置であつて，ろ過除じん方式又は電気除じん方式による除じん装置を付設したものにあつては，この限りでない。

4　厚生労働大臣が定める要件を具備していること。

（局所排気装置等の稼働）

第12条　事業者は，第4条又は第27条第1項ただし書の規定により設ける局所排気装置については，労働者が当該局所排気装置に係る粉じん作業に従事する間，厚生労働大臣が定める要件を満たすように稼働させなければならない。

②　事業者は，前項の粉じん作業の一部を請負人に請け負わせるときは，当該請負人が当該粉じん作業に従事する間（労働者が当該粉じん作業に従事するとき

を除く。），同項の局所排気装置を同項の厚生労働大臣が定める要件を満たすように稼働させること等について配慮しなければならない。

③　前二項の規定は，第4条又は第27条第1項ただし書の規定により設けるプッシュプル型換気装置について準用する。

（除じん）

第13条　事業者は，第10条の規定により設ける除じん装置については，次の表の上欄（編注・左欄）に掲げる粉じんの種類に応じ，それぞれ同表の下欄（編注・右欄）に掲げるいずれかの除じん方式又はこれらと同等以上の性能を有する除じん方式による除じん装置としなければならない。

粉じんの種類	除じん方式
ヒューム	ろ過除じん方式
	電気除じん方式
ヒューム以外の粉じん	サイクロンによる除じん方式
	スクラバによる除じん方式
	ろ過除じん方式
	電気除じん方式

②　事業者は，前項の除じん装置には，必要に応じ，粒径の大きい粉じんを除去するための前置き除じん装置を設けなければならない。

（除じん装置の稼働）

第14条　事業者は，第10条の規定により設ける除じん装置については，当該除じん装置に係る局所排気装置又はプッシュプル型換気装置が稼働している間，有効に稼働させなければならない。

（湿式型の衝撃式削岩機の給水）

第15条　事業者は，第4条の規定により設ける湿式型の衝撃式削岩機については，労働者が当該衝撃式削岩機に係る特定粉じん作業に従事する間，有効に給水を行わなければならない。

②　事業者は，前項の特定粉じん作業の一部を請負人に請け負わせるときは，当該請負人が当該特定粉じん作業に従事する間（労働者が当該特定粉じん作業に従事するときを除く。），同項の衝撃式削岩機に有効に給水を行うこと等について配慮しなければならない。

（湿潤な状態に保つための設備による湿潤化）

第16条　事業者は，第4条又は第27条第1項ただし書の規定により設ける粉じんの発生源を湿潤な状態に保つための設備により，労働者が当該設備に係る粉じん作業に従事する間，当該粉じんの発生源を湿潤な状態に保たなければならない。
② 事業者は，前項の粉じん作業の一部を請負人に請け負わせるときは，当該請負人が当該粉じん作業に従事する間（労働者が当該粉じん作業に従事するときを除く。），同項の設備により，粉じんの発生源を湿潤な状態に保つこと等について配慮しなければならない。

(5) 管　理

(ア) 定期自主検査等

事業者は，局所排気装置，プッシュプル型換気装置および除じん装置については，定期自主検査，点検等を行わなければならないとされています（粉じん則第17条～第21条）。

（局所排気装置等の定期自主検査）
第17条 労働安全衛生法施行令（以下「令」という。）第15条第1項第9号（編注・略）の厚生労働省令で定める局所排気装置，プッシュプル型換気装置及び除じん装置（粉じん作業に係るものに限る。）は，第4条及び第27条第1項ただし書の規定により設ける局所排気装置及びプッシュプル型換気装置並びに第10条の規定により設ける除じん装置とする。
② 事業者は，前項の局所排気装置，プッシュプル型換気装置及び除じん装置については，1年以内ごとに1回，定期に，次の各号に掲げる装置の種類に応じ，当該各号に掲げる事項について自主検査を行わなければならない。ただし，1年を超える期間使用しない同項の装置の当該使用しない期間においては，この限りでない。
1　局所排気装置
イ　フード，ダクト及びファンの摩耗，腐食，くぼみその他損傷の有無及びその程度
ロ　ダクト及び排風機における粉じんの堆積状態
ハ　ダクトの接続部における緩みの有無
ニ　電動機とファンとを連結するベルトの作動状態
ホ　吸気及び排気の能力
ヘ　イからホまでに掲げるもののほか，性能を保持するため必要な事項
2　プッシュプル型換気装置
イ　フード，ダクト及びファンの磨耗，腐食，くぼみその他損傷の有無及び

その程度
ロ　ダクト及び排風機における粉じんの堆積状態
ハ　ダクトの接続部における緩みの有無
ニ　電動機とファンとを連結するベルトの作動状態
ホ　送気，吸気及び排気の能力
ヘ　イからホまでに掲げるもののほか，性能を保持するため必要な事項
3　除じん装置
イ　構造部分の摩耗，腐食，破損の有無及びその程度
ロ　内部における粉じんの堆積状態
ハ　ろ過除じん方式の除じん装置にあつては，ろ材の破損又はろ材取付部等の緩みの有無
ニ　処理能力
ホ　イからニまでに掲げるもののほか，性能を保持するため必要な事項

③　事業者は，前項ただし書の装置については，その使用を再び開始する際に，同項各号に掲げる装置の種類に応じ，当該各号に掲げる事項について自主検査を行わなければならない。

（定期自主検査の記録）

第18条　事業者は，前条第2項又は第3項の自主検査を行つたときは，次の事項を記録して，これを3年間保存しなければならない。

1　検査年月日
2　検査方法
3　検査箇所
4　検査の結果
5　検査を実施した者の氏名
6　検査の結果に基づいて補修等の措置を講じたときは，その内容

（点検）

第19条　事業者は，第17条第1項の局所排気装置，プッシュプル型換気装置又は除じん装置を初めて使用するとき，又は分解して改造若しくは修理を行つたときは，同条第2項各号に掲げる装置の種類に応じ，当該各号に掲げる事項について点検を行わなければならない。

（点検の記録）

第20条　事業者は，前条の点検を行つたときは，次の事項を記録し，これを3年間保存しなければならない。

1　点検年月日
2　点検方法

3　点検箇所
4　点検の結果
5　点検を実施した者の氏名
6　点検の結果に基づいて補修等の措置を講じたときは，その内容

（補修等）
第21条　事業者は，第17条第2項若しくは第3項の自主検査又は第19条の点検を行つた場合において，異常を認めたときは，直ちに補修その他の措置を講じなければならない。

(イ)　特別の教育

事業者は，常時特定粉じん作業を行う作業者に対して，特別の教育を行わなければならないとされています（粉じん則第22条）。

（特別の教育）
第22条　事業者は，常時特定粉じん作業に係る業務に労働者を就かせるときは，当該労働者に対し，次の科目について特別の教育を行わなければならない。
1　粉じんの発散防止及び作業場の換気の方法
2　作業場の管理
3　呼吸用保護具の使用の方法
4　粉じんに係る疾病及び健康管理
5　関係法令

②　労働安全衛生規則（昭和47年労働省令第32号。以下「安衛則」という。）第37条及び第38条並びに前項に定めるもののほか，同項の特別の教育の実施について必要な事項は，厚生労働大臣が定める。

(ウ)　休憩設備

事業者は，作業者が休憩時間中に粉じんにばく露されないよう，粉じん作業を行う作業場以外の場所に休憩設備を設けなければならないとされています。また，休憩設備内に粉じんを持ち込まないためにも，休憩設備を利用する前に，備え付けてある粉じんを除去できる用具で，作業衣等に付着した粉じんを除去することとされています（粉じん則第23条）。

（休憩設備）

第23条　事業者は，粉じん作業に労働者を従事させるときは，粉じん作業を行う作業場以外の場所に休憩設備を設けなければならない。ただし，坑内等特殊な作業場で，これによることができないやむを得ない事由があるときは，この限りでない。

②　事業者は，前項の休憩設備には，労働者が作業衣等に付着した粉じんを除去することのできる用具を備え付けなければならない。

③　粉じん作業に従事した者は，第1項の休憩設備を利用する前に作業衣等に付着した粉じんを除去しなければならない。

㈓　掲示

事業者は，粉じん作業に労働者を従事させるときは，粉じん作業を行う作業場である旨や粉じんにより生ずるおそれのある疾病の種類およびその症状，粉じん等の取扱い上の注意事項のほか，呼吸用保護具の使用が必要な場合にあっては，有効な呼吸用保護具を使用する旨および使用すべき呼吸用保護具について，見やすい箇所に掲示しなければならないこととされています（粉じん則第23条の2）。

（掲示）

第23条の2　事業者は，粉じん作業に労働者を従事させるときは，次の事項を，見やすい箇所に掲示しなければならない。

1　粉じん作業を行う作業場である旨

2　粉じんにより生ずるおそれのある疾病の種類及びその症状

3　粉じん等の取扱い上の注意事項

4　次に掲げる場合にあつては，有効な呼吸用保護具を使用しなければならない旨及び使用すべき呼吸用保護具

イ　第7条第1項の規定により第4条及び第6条の2から第6条の4までの規定が適用されない場合

ロ　第7条第2項の規定により第5条から第6条の4までの規定が適用されない場合

ハ　第8条の規定により第4条の規定が適用されない場合

ニ　第9条第1項の規定により第4条の規定が適用されない場合

ホ　第24条第2項ただし書の規定により清掃を行う場合

ヘ　第26条の3第1項の場所において作業を行う場合
ト　第27条第1項の作業を行う場合（第7条第1項各号又は第2項各号に該当する場合及び第27条第1項ただし書の場合を除く。）
チ　第27条第3項の作業を行う場合（第7条第1項各号又は第2項各号に該当する場合を除く。）

令和4年5月31日厚生労働省令第91号の改正により，令和6年4月1日より第23条の2第4号のトが次のとおりとなり，現行のトがチに，チがリとなる。
ト　第26条の3の2第4項及び第5項の規定による措置を講ずべき場合

(オ)　清掃の実施

事業者は，清掃を行わなければならないとされています（粉じん則第24条）。

（清掃の実施）

第24条　事業者は，粉じん作業を行う屋内の作業場所については，毎日1回以上，清掃を行わなければならない。

②　事業者は，粉じん作業を行う屋内作業場の床，設備等及び第23条第1項の休憩設備が設けられている場所の床等（屋内のものに限る。）については，たい積した粉じんを除去するため，1月以内ごとに1回，定期に，真空掃除機を用いて，又は水洗する等粉じんの飛散しない方法によつて清掃を行わなければならない。ただし，粉じんの飛散しない方法により清掃を行うことが困難な場合において，当該清掃に従事する労働者に対し，有効な呼吸用保護具を使用させたとき（当該清掃の一部を請負人に請け負わせる場合にあつては，当該清掃に従事する労働者に対し，有効な呼吸用保護具を使用させ，かつ，当該請負人に対し，有効な呼吸用保護具を使用する必要がある旨を周知させたとき）は，その他の方法により清掃を行うことができる。

(カ)　ずい道等の内部において，ずい道建設のための発破の作業を行ったときは，発破による粉じんが適当に薄められた後でなければ，近寄ってはいけないことになっています（粉じん則第24条の2）。

（発破終了後の措置）

第24条の2　事業者は，ずい道等の内部において，ずい道等の建設の作業のうち，発破の作業を行つたときは，作業に従事する者が発破による粉じんが適当に薄められる前に発破をした箇所に近寄ることについて，発破による粉じんが適当に薄められた後でなければ発破をした箇所に近寄つてはならない旨を見やすい箇所に表示することその他の方法により禁止しなければならない。

(6)　作業環境測定とその結果の評価

事業者は，常時特定粉じん作業を行う屋内作業場については，6カ月以内ごとに1回，定期に空気中の粉じんの濃度を測定し，その結果を評価しなければならないとされています（粉じん則第25条，第26条，第26条の2）。また，このうち，土石，岩石または鉱物に係るものについては，粉じんの遊離けい酸含有率の測定も必要です。

事業者は，その作業環境測定の結果の評価に基づいて，労働者の健康を保持するため必要があると認められるときは，施設または設備の設置または整備，健康診断の実施その他必要な措置を講じなければならないこととされています（粉じん則第26条の3，第26条の4）。

（作業環境測定を行うべき屋内作業場）

第25条　令第21条第1号（編注・略）の厚生労働省令で定める土石，岩石，鉱物，金属又は炭素の粉じんを著しく発散する屋内作業場は，常時特定粉じん作業が行われる屋内作業場とする。

（粉じん濃度の測定等）

第26条　事業者は，前条の屋内作業場について，6月以内ごとに1回，定期に，当該作業場における空気中の粉じんの濃度を測定しなければならない。

②　事業者は，前条の屋内作業場のうち，土石，岩石又は鉱物に係る特定粉じん作業を行う屋内作業場において，前項の測定を行うときは，当該粉じん中の遊離けい酸の含有率を測定しなければならない。ただし，当該土石，岩石又は鉱物中の遊離けい酸の含有率が明らかな場合にあつては，この限りでない。

③～⑦　（略）

⑧　事業者は，第1項から第3項までの規定による測定を行つたときは，その都度，次の事項を記録して，これを7年間保存しなければならない。

1　測定日時
2　測定方法
3　測定箇所
4　測定条件
5　測定結果
6　測定を実施した者の氏名
7　測定結果に基づいて改善措置を講じたときは，当該措置の概要

（測定結果の評価）

第26条の2　事業者は，第25条の屋内作業場について，前条第1項，第2項若しくは第3項又は法第65条第5項の規定による測定を行つたときは，その都度，速やかに，厚生労働大臣の定める作業環境評価基準に従つて，作業環境の管理の状態に応じ，第1管理区分，第2管理区分又は第3管理区分に区分することにより当該測定の結果の評価を行わなければならない。

②　事業者は，前項の規定による評価を行つたときは，その都度次の事項を記録して，これを7年間保存しなければならない。

1　評価日時
2　評価箇所
3　評価結果
4　評価を実施した者の氏名

（評価の結果に基づく措置）

第26条の3　事業者は，前条第1項の規定による評価の結果，第3管理区分に区分された場所については，直ちに，施設，設備，作業工程又は作業方法の点検を行い，その結果に基づき，施設又は設備の設置又は整備，作業工程又は作業方法の改善その他作業環境を改善するため必要な措置を講じ，当該場所の管理区分が第1管理区分又は第2管理区分となるようにしなければならない。

②　事業者は前項の規定による措置を講じたときは，その効果を確認するため，同項の場所について当該粉じんの濃度を測定し，及びその結果の評価を行わなければならない。

③　事業者は，第1項の場所については，労働者に有効な呼吸用保護具を使用させるほか，健康診断の実施その他労働者の健康の保持を図るため必要な措置を講じなければならない。

④　事業者は，第1項の場所において作業に従事する者（労働者を除く。）に対し，当該場所については，有効な呼吸用保護具を使用する必要がある旨を周知させなければならない。

第26条の4　事業者は，第26条の2第1項の規定による評価の結果，第2管理

区分に区分された場所については，施設，設備，作業工程又は作業方法の点検を行い，その結果に基づき，施設又は設備の設置又は整備，作業工程又は作業方法の改善その他作業環境を改善するため必要な措置を講ずるよう努めなければならない。

令和4年5月31日厚生労働省令第91号の改正により，令和6年4月1日より第26条の3第3項が次のとおりとなる。

③　事業者は，第1項の場所については，労働者に有効な呼吸用保護具を使用させるほか，健康診断の実施その他労働者の健康の保持を図るため必要な措置を講ずるとともに，前条第2項の規定による評価の記録，第1項の規定に基づき講ずる措置及び前項の規定に基づく評価の結果を次に掲げるいずれかの方法によつて労働者に周知させなければならない。

1　常時各作業場の見やすい場所に掲示し，又は備え付けること。

2　書面を労働者に交付すること。

3　磁気ディスク，光ディスクその他の記録媒体に記録し，かつ，各作業場に労働者が当該記録の内容を常時確認できる機器を設置すること。

また，令和6年4月1日より第26条の3の次に，第26条の3の2及び第26条の3の3が以下のとおり追加される。

第26条の3の2　事業者は，前条第2項の規定による評価の結果，第3管理区分に区分された場所（同条第1項に規定する措置を講じていないこと又は当該措置を講じた後同条第2項の評価を行つていないことにより，第1管理区分又は第2管理区分となつていないものを含み，第5項各号の措置を講じているものを除く。）については，遅滞なく，次に掲げる事項について，事業場における作業環境の管理について必要な能力を有すると認められる者（当該事業場に属さない者に限る。以下この条において「作業環境管理専門家」という。）の意見を聴かなければならない。

1　当該場所について，施設又は設備の設置又は整備，作業工程又は作業方法の改善その他作業環境を改善するために必要な措置を講ずることにより第1管理区分又は第2管理区分とすることの可否

2　当該場所について，前号において第1管理区分又は第2管理区分とすることが可能な場合における作業環境を改善するために必要な措置の内容

②　事業者は，前項の第3管理区分に区分された場所について，同項第1号の規定により作業環境管理専門家が第1管理区分又は第2管理区分とすることが可能と判断した場合は，直ちに，当該場所について，同項第2号の事項を踏まえ，第1管理区分又は第2管理区分とするために必要な措置を講じなければならない。

③　事業者は，前項の規定による措置を講じたときは，その効果を確認するため，同項の場所について当該粉じんの濃度を測定し，及びその結果を評価しなければならない。

④　事業者は，第1項の第3管理区分に区分された場所について，前項の規定による評価の結果，第3管理区分に区分された場合又は第1項第1号の規定により作業環境管理専門家が当該場所を第1管理区分若しくは第2管理区分とすることが困難と判断した場合は，直ちに，次に掲げる措置を講じなければならない。

1　当該場所について，厚生労働大臣の定めるところにより，労働者の身体に装着する試料

採取器等を用いて行う測定その他の方法による測定（以下この条において「個人サンプリング測定等」という。）により，粉じんの濃度を測定し，厚生労働大臣の定めるところにより，その結果に応じて，労働者に有効な呼吸用保護具を使用させること（当該場所において作業の一部を請負人に請け負わせる場合にあつては，労働者に有効な呼吸用保護具を使用させ，かつ，当該請負人に対し，有効な呼吸用保護具を使用する必要がある旨を周知させること。）。ただし，前項の規定による測定（当該測定を実施していない場合（第1項第1号の規定により作業環境管理専門家が当該場所を第1管理区分又は第2管理区分とすることが困難と判断した場合に限る。）は，前条第2項の規定による測定）を個人サンプリング測定等により実施した場合は，当該測定をもつて，この号における個人サンプリング測定等とすることができる。

2　前号の呼吸用保護具（面体を有するものに限る。）について，当該呼吸用保護具が適切に装着されていることを厚生労働大臣の定める方法により確認し，その結果を記録し，これを3年間保存すること。

3　保護具に関する知識及び経験を有すると認められる者のうちから保護具着用管理責任者を選任し，次の事項を行わせること。

イ　前二号及び次項第1号から第3号までに掲げる措置に関する事項（呼吸用保護具に関する事項に限る。）を管理すること。

ロ　第1号及び次項第2号の呼吸用保護具を常時有効かつ清潔に保持すること。

4　第1項の規定による作業環境管理専門家の意見の概要，第2項の規定に基づき講ずる措置及び前項の規定に基づく評価の結果を，前条第3項各号に掲げるいずれかの方法によつて労働者に周知させること。

⑤　事業者は，前項の措置を講ずべき場所について，第1管理区分又は第2管理区分と評価されるまでの間，次に掲げる措置を講じなければならない。この場合においては，第26条第1項の規定による測定を行うことを要しない。

1　6月以内ごとに1回，定期に，個人サンプリング測定等により粉じんの濃度を測定し，前項第1号に定めるところにより，その結果に応じて，労働者に有効な呼吸用保護具を使用させること。

2　前号の呼吸用保護具（面体を有するものに限る。）を使用させるときは，1年以内ごとに1回，定期に，当該呼吸用保護具が適切に装着されていることを前項第2号に定める方法により確認し，その結果を記録し，これを3年間保存すること。

3　当該場所において作業の一部を請負人に請け負わせる場合にあつては，当該請負人に対し，第1号の呼吸用保護具を使用する必要がある旨を周知させること。

⑥　事業者は，第4項第1号の規定による測定（同号ただし書の測定を含む。）又は前項第1号の規定による測定を行つたときは，その都度，次の事項を記録し，これを7年間保存しなければならない。

1　測定日時

2　測定方法

3　測定箇所

4　測定条件

5　測定結果

6　測定を実施した者の氏名

7　測定結果に応じた有効な呼吸用保護具を使用させたときは，当該呼吸用保護具の概要

⑦　事業者は，第4項の措置を講ずべき場所に係る前条第2項の規定による評価及び第3項の規定による評価を行つたときは，次の事項を記録し，これを7年間保存しなければならな

い。

1　評価日時
2　評価箇所
3　評価結果
4　評価を実施した者の氏名

第26条の3の3　事業者は，前条第4項各号に掲げる措置を講じたときは，遅滞なく，第3管理区分措置状況届（様式第5号）を所轄労働基準監督署長に提出しなければならない。

さらに，令和6年4月1日より第26条の4に第2項が以下のとおり追加される。

②　前項に定めるもののほか，事業者は，同項の場所については，第26条の2第2項の規定による評価の記録及び前項の規定に基づき講ずる措置を次に掲げるいずれかの方法によつて労働者に周知させなければならない。

1　常時各作業場の見やすい場所に掲示し，又は備え付けること。
2　書面を労働者に交付すること。
3　磁気ディスク，光ディスクその他の記録媒体に記録し，かつ，各作業場に労働者が当該記録の内容を常時確認できる機器を設置すること。

(7)　呼吸用保護具

事業者は一定の粉じん作業に作業者をつかせるときは，作業者に有効な呼吸用保護具を使用させなければならないとされています（粉じん則第27条）。また，作業環境測定結果の評価の結果，作業環境管理の状態が第3管理区分で作業環境管理が適切でないと評価された作業場では，作業環境が改善するまでの間は作業者に有効な呼吸用保護具を使用させなければなりません（粉じん則第26条の3第3項）。どのような作業を行うときに呼吸用保護具（作業によっては電動ファン付き呼吸用保護具が義務付けられています）を使用させなければならないのかについては86ページの一覧表をみてください。

なお，粉じんの発生源を密閉する設備，局所排気装置，プッシュプル型換気装置の設置，湿潤な状態に保つための設備の設置等の有効な措置を講じたときは，呼吸用保護具を使用する必要はないとしています（粉じん則第27条第1項）。

第10次粉じん障害防止総合対策（令和5年3月30日付け基発0330第3号）では，呼吸用保護具の適正な選択と使用の徹底を推進しており，電動ファン付き呼吸用保護具はその性能の高さから，健康障害防止措置としてより有効としています。

（呼吸用保護具の使用）

第27条　事業者は，別表第3に掲げる作業（第3項に規定する作業を除く。）に労働者を従事させる場合（第7条第1項各号又は第2項各号に該当する場合を除く。）にあつては，当該作業に従事する労働者に対し，有効な呼吸用保護具（別表第3第5号に掲げる作業を行う場合にあつては，送気マスク又は空気呼吸器に限る。次項において同じ。）を使用させなければならない。ただし，粉じんの発生源を密閉する設備，局所排気装置又はプッシュプル型換気装置の設置，粉じんの発生源を湿潤な状態に保つための設備の設置等の措置であつて，当該作業に係る粉じんの発散を防止するために有効なものを講じたときは，この限りでない。

② 事業者は，前項の作業の一部を請負人に請け負わせる場合（第7条第1項各号又は第2項各号に該当する場合を除く。）にあつては，当該請負人に対し，有効な呼吸用保護具を使用する必要がある旨を周知させなければならない。ただし，前項ただし書の措置を講じたときは，この限りでない。

③ 事業者は，別表第3第1号の2，第2号の2又は第3号の2に掲げる作業に労働者を従事させる場合（第7条第1項各号又は第2項各号に該当する場合を除く。）にあつては，厚生労働大臣の定めるところにより，当該作業場についての第6条の3及び第6条の4第2項の規定による測定の結果（第6条の3第2項ただし書に該当する場合には，鉱物等中の遊離けい酸の含有率を含む。）に応じて，当該作業に従事する労働者に有効な電動ファン付き呼吸用保護具を使用させなければならない。

④ 事業者は，前項の作業の一部を請負人に請け負わせる場合（第7条第1項各号又は第2項各号に該当する場合を除く。）にあつては，前項の厚生労働大臣の定めるところにより，同項の測定の結果に応じて，当該請負人に対し，有効な電動ファン付き呼吸用保護具を使用する必要がある旨を周知させなければならない。

⑤ 労働者は，第7条，第8条，第9条第1項，第24条第2項ただし書並びに本条第1項及び第3項の規定により呼吸用保護具の使用を命じられたときは，当該呼吸用保護具を使用しなければならない。

令和5年3月27日厚生労働省令第29号の改正により，令和5年10月1日より第27条中の一部文言が以下のとおり改正される。

第3項中「電動ファン付き呼吸用保護具」を「防じん機能を有する電動ファン付き呼吸用保護具又は防毒機能を有する電動ファン付き呼吸用保護具であつて防じん機能を有するもの」に改める。

第4項中「電動ファン付き呼吸用保護具」を「防じん機能を有する電動ファン付き呼吸用保護具又は防毒機能を有する電動ファン付き呼吸用保護具であつて防じん機能を有するもの」に改める。

(8) 計画の届出

事業者は，一定の特定粉じん発生源を有する機械等ならびに局所排気装置およびプッシュプル型換気装置については，新たに設置したり移転したりする場合にはあらかじめ届出をしなければならないとされています（労働安全衛生規則第85条，第86条，同規則別表第7第23号，第24号）。

労働安全衛生規則
（昭和47年9月30日労働省令第32号，改正　令和5年4月3日厚生労働省令第66号）

（計画の届出をすべき機械等）

第85条　法第88条第1項の厚生労働省令で定める機械等は，法に基づく他の省令に定めるもののほか，別表第7の上欄（編注・左欄）に掲げる機械等とする。ただし，別表第7の上欄（編注・左欄）に掲げる機械等で次の各号のいずれかに該当するものを除く。

1～2　（略）

（計画の届出等）

第86条　事業者は，別表第7の上欄（編注・左欄）に掲げる機械等を設置し，若しくは移転し，又はこれらの主要構造部分を変更しようとするときは，法第88条第1項の規定により，様式第20号（編注・略）による届書に，当該機械等の種類に応じて同表の中欄に掲げる事項を記載した書面及び同表の下欄（編注・右欄）に掲げる図面等を添えて，所轄労働基準監督署長に提出しなければならない。

②，③　（略）

別表7（第85条，第86条関係）

機械等の種類	事項	図面等
略	略	略
23　粉じん則別表第2第6号及び第8号に掲げる特定粉じん発生源を	1　粉じん作業（粉じん則第2条第1項第1号の粉じん作業をいう。	1　周囲の状況及び四隣との関係を示す図面 2　作業場における主要

有する機械又は設備並びに同表第14号の型ばらし装置	以下同じ。）の概要 2　機械又は設備の種類，名称，能力，台数及び粉じんの飛散を防止する方法 3　粉じんの飛散を防止する方法として粉じんの発生源を密閉する設備によるときは，密閉の方式，主要構造部分の構造の概要及びその機能 4　前号の方法及び局所排気装置により粉じんの飛散を防止する方法以外の方法によるときは，粉じんの飛散を防止するための設備の型式，主要構造部分の構造の概要及びその能力	な機械又は設備の配置を示す図面 3　局所排気装置以外の粉じんの飛散を防止するための設備の構造を示す図面
24　粉じん則第4条又は第27条第1項ただし書の規定により設ける局所排気装置又はプッシュプル型換気装置	粉じん作業の概要	1　周囲の状況及び四隣との関係を示す図面 2　作業場における主要な機械又は設備の配置を示す図面 3　局所排気装置にあつては局所排気装置摘要書（様式第25号） 4　プッシュプル型換気装置にあつてはプッシュプル型換気装置摘要書（様式第26号）
略	略	略

各粉じん作業に対

粉じん作業（別表第1）	特定粉じん発生源（別表第2）
1　鉱物等（湿潤な土石を除く。）を掘削する場所における作業（次号に掲げる作業を除く。）。ただし，次に掲げる作業を除く。 イ　坑外の，鉱物等を湿式により試錐（しすい）する場所における作業 ロ　屋外の，鉱物等を動力又は発破によらないで掘削する場所における作業	1　坑内の，鉱物等を動力により掘削する箇所
1の2　ずい道等の内部の，ずい道等の建設の作業のうち，鉱物等を掘削する場所における作業	1　坑内の，鉱物等を動力により掘削する箇所
2　鉱物等（湿潤なものを除く。）を積載した車の荷台を覆し，又は傾けることにより鉱物等（湿潤なものを除く。）を積み卸す場所における作業（次号，第3号の2，第9号又は第18号に掲げる作業を除く。）	
3　坑内の，鉱物等を破砕し，粉砕し，ふるい分け，積み込み，又は積み卸す場所における作業（次号に掲げる作業を除く。）。ただし，次に掲げる作業を除く。 イ　湿潤な鉱物等を積み込み，又は積み卸す場所における作業 ロ　水の中で破砕し，粉砕し，又はふるい分ける場所における作業 設備による注水又は注油をしながら，ふるい分ける場所における作業を行う場合には粉じん則第2章～第6章の規定は適用されない。（第3条）	2　鉱物等を動力（手持式動力工具によるものを除く。）により破砕し，粉砕し，又はふるい分ける箇所 3　鉱物等をずり積機等車両系建設機械により積み込み，又は積み卸す箇所 4　鉱物等をコンベヤー（ポータブルコンベヤーを除く。以下この号において同じ。）へ積み込み，又はコンベヤーから積み卸す箇所（前号に掲げる箇所を除く。）

する措置の一覧表（粉じん則）

特定粉じん発生源に係る措置(第4条関係)	呼吸用保護具を使用する作業(別表第3)
1　衝撃式削岩機を用いる場合 衝撃式削岩機を湿式型とすること。 2　衝撃式削岩機を用いない場合 湿潤な状態に保つための設備を設置すること。	1　坑外において，衝撃式削岩機を用いて掘削する作業
1　衝撃式削岩機を用いる場合 衝撃式削岩機を湿式型とすること。 2　衝撃式削岩機を用いない場合 湿潤な状態に保つための設備を設置すること。	※1の2　動力を用いて掘削する場所における作業
	2　屋内又は坑内の，鉱物等を積載した車の荷台を覆し，又は傾けることにより鉱物等を積み卸す場所における作業（次号に掲げる作業を除く。）
(1)　密閉する設備を設置すること。 (2)　湿潤な状態に保つための設備を設置すること。 湿潤な状態に保つための設備を設置すること。	2　屋内又は坑内の，鉱物等を積載した車の荷台を覆し，又は傾けることにより鉱物等を積み卸す場所における作業（次号に掲げる作業を除く。） 7　手持式動力工具を用いて，鉱物等を破砕し，又は粉砕する作業

粉じん作業（別表第1）	特定粉じん発生源（別表第2）
3の2　ずい道等の内部の，ずい道等の建設の作業のうち，鉱物等を積み込み，又は積み卸す場所における作業	3　鉱物等をずり積機等車両系建設機械により積み込み，又は積み卸す箇所 4　鉱物等をコンベヤー（ポータブルコンベヤーを除く。以後この号において同じ。）へ積み込み，又はコンベヤーから積み卸す箇所（前号に掲げる箇所を除く。）
4　坑内において鉱物等（湿潤なものを除く。）を運搬する作業。ただし，鉱物等を積載した車を牽引する機関車を運転する作業を除く。	
5　坑内の，鉱物等（湿潤なものを除く。）を充てんし，又は岩粉を散布する場所における作業（次号に掲げる作業を除く。）	
5の2　ずい道等の内部の，ずい道等の建設の作業のうち，コンクリート等を吹き付ける場所における作業	
5の3　坑内であつて，第1号から第3号の2まで又は前二号に規定する場所に近接する場所において，粉じんが付着し，又は堆積した機械設備又は電気設備を移設し，撤去し，点検し，又は補修する作業	
6　岩石又は鉱物を裁断し，彫り，又は仕上げする場所における作業（第13号に掲げる作業を除く。）。ただし，火炎を用いて裁断し，又は仕上げする場所における作業を除く。 設備による注水又は注油をしながら，裁断し，彫り，又は仕上げする場所における作業を行う場合には，粉じん則第2章～第6章の規定は適用されない。（第3条）	5　屋内の，岩石又は鉱物を動力（手持式又は可搬式動力工具によるものを除く。）により裁断し，彫り，又は仕上げする箇所 ⑥　屋内の，研磨材の吹き付けにより，研磨し，又は岩石若しくは鉱物を彫る箇所

特定粉じん発生源に係る措置(第4条関係)	呼吸用保護具を使用する作業 (別表第3)
湿潤な状態に保つための設備を設置すること。	2　屋内又は坑内の，鉱物等を積載した車の荷台を覆し，又は傾けることにより鉱物等を積み卸す場所における作業(次号に掲げる作業を除く。) ※2の2　動力を用いて鉱物等を積み込み，又は積み卸す場所における作業
	3　坑内の,鉱物等(湿潤なものを除く。)を充てんし，又は岩粉を散布する場所における作業（次号に掲げる作業を除く。)
	※3の2　ずい道等の内部の，ずい道等の建設の作業のうち，コンクリート等を吹き付ける場所における作業
	3の3　別表第1第5号の3に掲げる坑内であって，粉じんが付着し，又は堆積した機械設備又は電気設備を移設し，撤去し，点検し，又は補修する作業
(1)　局所排気装置を設置すること。 (2)　プッシュプル型換気装置を設置すること。 (3)　湿潤な状態に保つための設備を設置すること。	4　手持式又は可搬式動力工具を用いて岩石又は鉱物を裁断し，彫り，又は仕上げする作業
(1)　密閉する設備を設置すること。 (2)　局所排気装置を設置すること。	5　屋外の，研磨材の吹き付けにより，研磨し，又は岩石若しくは鉱物を彫る場所における作業（送気マスク又は空気呼吸器に限る。)

粉じん作業（別表第1）	特定粉じん発生源（別表第2）
7　研磨材の吹き付けにより研磨し，又は研磨材を用いて動力により，岩石，鉱物若しくは金属を研磨し，若しくはばり取りし，若しくは金属を裁断する場所における作業（前号に掲げる作業を除く。） 設備による注水又は注油をしながら，研磨材を用いて動力により，岩石，鉱物若しくは金属を研磨し，若しくはばり取りし，又は金属を裁断する場所における作業を行う場合には，粉じん則第2章～第6章の規定は適用されない。（第3条）	⑥　屋内の，研磨材の吹き付けにより，研磨し，又は岩石若しくは鉱物を彫る箇所 ⑦-1　屋内の，研磨材を用いて動力（手持式又は可搬式動力工具によるものを除く。）により，岩石，鉱物若しくは金属を研磨し，若しくはばり取りし，又は金属を裁断する箇所（研削盤，ドラムサンダー等の回転体を有する機械に係る箇所を除く。） ⑦-2　屋内の，研磨材を用いて動力（手持式又は可搬式動力工具によるものを除く。）により，岩石，鉱物若しくは金属を研磨し，若しくはばり取りし，又は金属を裁断する箇所（研削盤，ドラムサンダー等の回転体を有する機械に係る箇所に限る。）
8　鉱物等，炭素原料又はアルミニウムはくを動力により破砕し，粉砕し，又はふるい分ける場所における作業（第3号，第15号又は第19号に掲げる作業を除く。）。ただし，水又は油の中で動力により破砕し，粉砕し，又はふるい分ける場所における作業を除く。 設備による注水又は注油をしながら，鉱物等又は炭素原料を動力によりふるい分ける場所における作業を行う場合には粉じん則第2章～第6章の規定は適用されない。（第3条） 設備による注水又は注油をしながら，屋外の鉱物等又は炭素原料を動力により破砕し，又は粉砕する場所における作業を行う場合には，粉じん則第2章～第6章の規定は適用されない。（第3条）	⑧　屋内の，鉱物等，炭素原料又はアルミニウムはくを動力（手持式動力工具によるものを除く。）により破砕し，粉砕し，又はふるい分ける箇所

特定粉じん発生源に係る措置(第4条関係)	呼吸用保護具を使用する作業（別表第3）
(1)　密閉する設備を設置すること。 (2)　局所排気装置を設置すること。	5　屋外の，研磨材の吹き付けにより，研磨し，又は岩石若しくは鉱物を彫る場所における作業（送気マスク又は空気呼吸器に限る。） 6　屋内，坑内又はタンク，船舶，管，車両等の内部において，手持式又は可搬式動力工具（研磨材を用いたものに限る。次号において同じ。）を用いて，岩石，鉱物若しくは金属を研磨し，若しくはばり取りし，又は金属を裁断する作業 6の2　屋外において，手持式又は可搬式動力工具を用いて岩石又は鉱物を研磨し，又はばり取りする作業
(1)　局所排気装置を設置すること。 (2)　プッシュプル型換気装置を設置すること。 (3)　湿潤な状態に保つための設備を設置すること。	
(1)　局所排気装置を設置すること。 (2)　湿潤な状態に保つための設備を設置すること。	
(1)　密閉する設備を設置すること。 (2)　局所排気装置を設置すること。 (3)　湿潤な状態に保つための設備を設置すること。（アルミニウムに係る箇所を除く。）	7　手持式動力工具を用いて，鉱物等を破砕し，又は粉砕する作業 7の2　屋内又は坑内において，手持式動力工具を用いて，炭素原料又はアルミニウムはくを破砕し，又は粉砕する作業

粉じん作業（別表第1）	特定粉じん発生源（別表第2）
9　セメント，フライアッシュ又は粉状の鉱石，炭素原料若しくは炭素製品を乾燥し，袋詰めし，積み込み，又は積み卸す場所における作業（第3号，第3号の2，第16号又は第18号に掲げる作業を除く。）	⑨　屋内の，セメント，フライアッシュ又は粉状の鉱石，炭素原料，炭素製品，アルミニウム若しくは酸化チタンを袋詰めする箇所
10　粉状のアルミニウム又は酸化チタンを袋詰めする場所における作業	⑨　屋内の，セメント，フライアッシュ又は粉状の鉱石，炭素原料，炭素製品，アルミニウム若しくは酸化チタンを袋詰めする箇所
11　粉状の鉱石又は炭素原料を原料又は材料として使用する物を製造し，又は加工する工程において，粉状の鉱石，炭素原料又はこれらを含む物を混合し，混入し，又は散布する場所における作業（次号から第14号までに掲げる作業を除く。）	10　屋内の，粉状の鉱石，炭素原料又はこれらを含む物を混合し，混入し，又は散布する箇所
12　ガラス又はほうろうを製造する工程において，原料を混合する場所における作業又は原料若しくは調合物を溶解炉に投げ入れる作業。ただし，水の中で原料を混合する場所における作業を除く。	11　屋内の，原料を混合する箇所
13　陶磁器，耐火物，けい藻土製品又は研磨材を製造する工程において，原料を混合し，若しくは成形し，原料若しくは半製品を乾燥し，半製品を台車に積み込み，若しくは半製品若しくは製品を台車から積み卸し，仕上げし，若しくは荷造りする場所における作業又は窯の内部に立ち入る作業。ただし，次に掲げる作業を除く。 イ　陶磁器を製造する工程において，原料を流し込み成形し，半製品を生仕上げし，又は製品を荷造りする場所における作業 ロ　水の中で原料を混合する場所における作業	11　屋内の，原料を混合する箇所 12　耐火レンガ又はタイルを製造する工程において，屋内の，原料（湿潤なものを除く。）を動力により成形する箇所 13　屋内の，半製品又は製品を動力（手持式動力工具によるものを除く。）により仕上げる箇所

特定粉じん発生源に係る措置(第4条関係)	呼吸用保護具を使用する作業(別表第3)
(1)　局所排気装置を設置すること。 (2)　プッシュプル型換気装置を設置すること。	8　セメント，フライアッシュ又は粉状の鉱石，炭素原料若しくは炭素製品を乾燥するため乾燥設備の内部に立ち入る作業又は屋内において，これらの物を積み込み，若しくは積み卸す作業
(1)　局所排気装置を設置すること。 (2)　プッシュプル型換気装置を設置すること。	
(1)　密閉する設備を設置すること。 (2)　局所排気装置を設置すること。 (3)　プッシュプル型換気装置を設置すること。 (4)　湿潤な状態に保つための設備を設置すること。	
(1)　密閉する設備を設置すること。 (2)　局所排気装置を設置すること。 (3)　プッシュプル型換気装置を設置すること。 (4)　湿潤な状態に保つための設備を設置すること。	
(1)　密閉する設備を設置すること。 (2)　局所排気装置を設置すること。 (3)　プッシュプル型換気装置を設置すること。 (4)　湿潤な状態に保つための設備を設置すること。	9　原料若しくは半製品を乾燥するため，乾燥設備の内部に立ち入る作業又は窯の内部に立ち入る作業
(1)　局所排気装置を設置すること。 (2)　プッシュプル型換気装置を設置すること。	
(1)　局所排気装置を設置すること。 (2)　プッシュプル型換気装置を設置すること。 (3)　湿潤な状態に保つための設備を設置すること。	

粉じん作業（別表第1）	特定粉じん発生源（別表第2）
14　炭素製品を製造する工程において，炭素原料を混合し，若しくは成形し，半製品を炉詰めし，又は半製品若しくは製品を炉出しし，若しくは仕上げする場所における作業。ただし，水の中で原料を混合する場所における作業を除く。	11　屋内の，原料を混合する箇所 13　屋内の，半製品又は製品を動力（手持式動力工具によるものを除く。）により仕上げる箇所
15　砂型を用い鋳物を製造する工程において，砂型を造型し，砂型を壊し，砂落としし，砂を再生し，砂を混練し，又は鋳ばり等を削り取る場所における作業（第7号に掲げる作業を除く。）。ただし，水の中で砂を再生する場所における作業を除く。 設備による注水又は注油をしながら，砂を再生する場所における作業を行う場合には粉じん則第2章～第6章の規定は適用されない。（第3条）	⑭-1　屋内の，型ばらし装置を用いて砂型を壊し，若しくは砂落としし，又は動力（手持式動力工具によるものを除く。）により砂を混練し，若しくは鋳ばり等を削り取る箇所 ⑭-2　屋内の，型ばらし装置を用いて砂型を壊し，若しくは砂落としし，又は動力（手持式動力工具によるものを除く。）により砂を再生する箇所
16　鉱物等（湿潤なものを除く。）を運搬する船舶の船倉内で鉱物等（湿潤なものを除く。）をかき落とし，若しくはかき集める作業又はこれらの作業に伴い清掃を行う作業（水洗する等粉じんの飛散しない方法によって行うものを除く。）	
17　金属その他無機物を製錬し，又は溶融する工程において，土石又は鉱物を開放炉に投げ入れ，焼結し，湯出しし，又は鋳込みする場所における作業。ただし，転炉から湯出しし，又は金型に鋳込みする場所における作業を除く。	

特定粉じん発生源に係る措置(第4条関係)	呼吸用保護具を使用する作業（別表第3）
(1)　密閉する設備を設置すること。 (2)　局所排気装置を設置すること。 (3)　プッシュプル型換気装置を設置すること。 (4)　湿潤な状態に保つための設備を設置すること。	10　半製品を炉詰めし，又は半製品若しくは製品を炉出しするため，炉の内部に立ち入る作業
(1)　局所排気装置を設置すること。 (2)　プッシュプル型換気装置を設置すること。 (3)　湿潤な状態に保つための設備を設置すること。	
(1)　密閉する設備を設置すること。 (2)　局所排気装置を設置すること。 (3)　プッシュプル型換気装置を設置すること。	11　砂型を造型し，型ばらし装置を用いないで，砂型を壊し，若しくは砂落としし，動力によらないで砂を再生し，又は手持式動力工具を用いて鋳ばり等を削り取る作業
(1)　密閉する設備を設置すること。 (2)　局所排気装置を設置すること。	
	12　鉱物等（湿潤なものを除く。）を運搬する船舶の船倉内で鉱物等（湿潤なものを除く。）をかき落とし，若しくはかき集める作業又はこれらの作業に伴い清掃を行う作業（水洗する等粉じんの飛散しない方法によって行うものを除く。）
	12の2　土石又は鉱物を開放炉に投げ入れる作業

粉じん作業（別表第1）	特定粉じん発生源（別表第2）
18　粉状の鉱物を燃焼する工程又は金属その他無機物を製錬し，若しくは溶融する工程において，炉，煙道，煙突等に付着し，若しくは堆積した鉱さい又は灰をかき落とし，かき集め，積み込み，積み卸し，又は容器に入れる場所における作業	
19　耐火物を用いて窯，炉等を築造し，若しくは修理し，又は耐火物を用いた窯，炉等を解体し，若しくは破砕する作業	
20　屋内，坑内又はタンク，船舶，管，車両等の内部において，金属を溶断し，又はアークを用いてガウジングする作業	
20の2　金属をアーク溶接する作業	
21　金属を溶射する場所における作業	⑮　屋内の，手持式溶射機を用いないで金属を溶射する箇所
22　染土の付着した藺草を庫入れし，庫出しし，選別調整し，又は製織する場所における作業	
23　長大ずい道の内部の，ホッパー車からバラストを取り卸し，又はマルチプルタイタンパーにより道床を突き固める場所における作業	

注1）　特定粉じん発生源のうち番号を○で囲んだものについては，局所排気装置またはプッシュ
定粉じん発生源に対しフードを設けている局所換気装置またはプッシュプル型換気装置に限
注2）　特定粉じん発生源のうち，アンダーラインを引いた発生源を有する機械や設備は届出をしなければなりません。
注3）　呼吸用保護具を使用する作業のうち※印の作業については，防じん機能を有する電動ファ

特定粉じん発生源に係る措置(第4条関係)	呼吸用保護具を使用する作業（別表第3）
	13　炉，煙道，煙突等に付着し，若しくは堆積した鉱さい又は灰をかき落とし，かき集め，積み込み，積み卸し，又は容器に入れる作業
	14　耐火物を用いて窯，炉等を築造し，若しくは修理し，又は耐火物を用いた窯，炉等を解体し，若しくは破砕する作業
	14　屋内，坑内又はタンク，船舶，管，車両等の内部において，金属を溶断し，又はアークを用いてガウジングする作業
	14　金属をアーク溶接する作業
(1)　密閉する設備を設置すること。 (2)　局所排気装置を設置すること。 (3)　プッシュプル型換気装置を設置すること。	15　手持式溶射機を用いて金属を溶射する作業
	16　染土の付着した藺(い)草を庫(くら)入れし，又は庫(くら)出しする作業
	17　長大ずい道の内部において，ホッパー車からバラストを取り卸し，又はマルチプルタイタンパーにより道床を突き固める作業

プル型換気装置に除じん装置を設置しなければなりません。ただし，⑦については，10 箇所以上の特
ります。
なければなりません。また，局所排気装置またはプッシュプル型換気装置を設置した場合は届出をし

ン付き呼吸用保護具を使用しなければなりません。

4　じん肺法のあらまし

（じん肺法：昭和35年3月31日法律第30号，
改正　平成30年7月6日法律第71号）

じん肺法では，粉じん作業についている人や粉じん作業についていた人の健康管理を適切に進めるために必要なことが定められています。「粉じん作業」とは，その作業についている人がじん肺にかかるおそれがあると認められる作業であり（第2条第1項第3号），109ページにその範囲をかかげてあります。

（定義）

第2条　この法律において，次の各号に掲げる用語の意義は，それぞれ当該各号に定めるところによる。

1　じん肺　粉じんを吸入することによつて肺に生じた線維増殖性変化を主体とする疾病をいう。

2　合併症　じん肺と合併した肺結核その他のじん肺の進展経過に応じてじん肺と密接な関係があると認められる疾病をいう。

3　粉じん作業　当該作業に従事する労働者がじん肺にかかるおそれがあると認められる作業をいう。

4　労働者　労働基準法（昭和22年法律第49号）第9条に規定する労働者（同居の親族のみを使用する事業又は事務所に使用される者及び家事使用人を除く。）をいう。

5　事業者　労働安全衛生法（昭和47年法律第57号）第2条第3号に規定する事業者で，粉じん作業を行う事業に係るものをいう。

②　合併症の範囲については，厚生労働省令で定める。

③　粉じん作業の範囲は，厚生労働省令で定める。

じん肺法のあらましは次のとおりです。

(1)　じん肺健康診断

じん肺をできるだけ早く発見し，また，じん肺にかかっている人のじん肺の進み具合を正確につかむためにじん肺健康診断が行われます。次のようなときには，事業者はじん肺健康診断を行わなければならないとされています。

1）就業時（しゅうぎょうじ）健康診断――新たに常時粉じん作業につくことになったときに行わなくてはなりません（第７条）。

（就業時健康診断）

第７条　事業者は，新たに常時粉じん作業に従事することになつた労働者（当該作業に従事することとなつた日前１年以内にじん肺健康診断を受けて，じん肺管理区分が管理２又は管理３イと決定された労働者その他厚生労働省令で定める労働者を除く。）に対して，その就業の際，じん肺健康診断を行わなければならない。この場合において，当該じん肺健康診断は，厚生労働省令で定めるところにより，その一部を省略することができる。

2）定期健康診断――粉じん作業についている人や粉じん作業についていたことがある人でじん肺にかかっている人に対し，じん肺の程度に応じて次の表の期間ごとに行わなくてはなりません（第８条）。

粉じん作業との関係	じん肺管理区分	定期健康診断の期間
現在粉じん作業についている	1	3年以内ごとに1回
	2，3	1年以内ごとに1回
現在粉じん作業についていない	2	3年以内ごとに1回
	3	1年以内ごとに1回

（定期健康診断）

第８条　事業者は，次の各号に掲げる労働者に対して，それぞれ当該各号に掲げる期間以内ごとに１回，定期的に，じん肺健康診断を行わなければならない。

1　常時粉じん作業に従事する労働者（次号に掲げる者を除く。）３年

2　常時粉じん作業に従事する労働者でじん肺管理区分が管理２又は管理３であるもの　１年

3　常時粉じん作業に従事させたことのある労働者で，現に粉じん作業以外の作業に常時従事しているもののうち，じん肺管理区分が管理２である労働者（厚生労働省令で定める労働者を除く。）　３年

4　常時粉じん作業に従事させたことのある労働者で，現に粉じん作業以外の作業に常時従事しているもののうち，じん肺管理区分が管理3である労働者（厚生労働省令で定める労働者を除く。）　1年

②　前条後段の規定は，前項の規定によるじん肺健康診断を行う場合に準用する。

3）**定期外健康診断**――粉じん作業についている人が，労働安全衛生法による健康診断によりじん肺の所見がある（もしくは疑いがある）と診断されたとき，または合併症により1年を超えて療養休業していた人が，医師により療養休業を要しなくなったと診断されたとき等には，行わなくてはなりません（第9条）。

（定期外健康診断）

第9条　事業者は，次の各号の場合には，当該労働者に対して，遅滞なく，じん肺健康診断を行わなければならない。

1　常時粉じん作業に従事する労働者（じん肺管理区分が管理2，管理3又は管理4と決定された労働者を除く。）が，労働安全衛生法第66条第1項又は第2項の健康診断において，じん肺の所見があり，又はじん肺にかかつている疑いがあると診断されたとき。

2　合併症により1年を超えて療養のため休業した労働者が，医師により療養のため休業を要しなくなつたと診断されたとき。

3　前二号に掲げる場合のほか，厚生労働省令で定めるとき。

②　第7条後段の規定は，前項の規定によるじん肺健康診断を行う場合に準用する。

4）**離職（りしょく）時健康診断**―― 1年以上粉じん作業についていて，事業場をやめるときに，次の表にあげた条件にあてはまる人が，事業者にじん肺健康診断

粉じん作業との関係	じん肺管理区分	やめる日からさかのぼって最も近いじん肺健康診断を受けた日からやめる日までの期間
粉じん作業についている	1	1年6カ月以上
	2，3	6カ月以上
以前に粉じん作業についたことがある	2，3	6カ月以上

（離職時健康診断）を行うよう請求したときに行わなくてはなりません（第9条の2)。

（離職時健康診断）

第9条の2　事業者は，次の各号に掲げる労働者で，離職の日まで引き続き厚生労働省令で定める期間（編注：じん肺法施行規則第12条の規定により1年）を超えて使用していたものが，当該離職の際にじん肺健康診断を行うように求めたときは，当該労働者に対して，じん肺健康診断を行わなければならない。ただし，当該労働者が直前にじん肺健康診断を受けた日から当該離職の日までの期間が，次の各号に掲げる労働者ごとに，それぞれ当該各号に掲げる期間に満たないときは，この限りでない。

1　常時粉じん作業に従事する労働者（次号に掲げる者を除く。）　1年6月

2　常時粉じん作業に従事する労働者でじん肺管理区分が管理2又は管理3であるもの　6月

3　常時粉じん作業に従事させたことのある労働者で，現に粉じん作業以外の作業に常時従事しているもののうち，じん肺管理区分が管理2又は管理3である労働者（厚生労働省令で定める労働者を除く。）　6月

②　第7条後段の規定は，前項の規定によるじん肺健康診断を行う場合に準用する。

なお，これらの健康診断の際に，事業者が指定した医師による健康診断を受けたくないときには，自分の選んだ医師に健康診断を行ってもらってもよいこととされています。ただし，このような場合には，その医師に健康診断の結果を書いてもらい，エックス線写真とともに事業者に提出しなければなりません（第11条)。

（受診義務）

第11条　関係労働者は，正当な理由がある場合を除き，第7条から第9条までの規定により事業者が行うじん肺健康診断を受けなければならない。ただし，事業者が指定した医師の行うじん肺健康診断を受けることを希望しない場合において，他の医師の行うじん肺健康診断を受け，当該エツクス線写真及びじん肺健康診断の結果を証明する書面その他厚生労働省令で定める書面を使用者に提出したときは，この限りでない。

(2) じん肺管理区分の決定

事業者が健康診断を行った場合，医師によりじん肺にかかっていないと診断された人の「じん肺管理区分」は「管理1」となりますが，じん肺にかかっていると診断された人については，事業者はエックス線写真などを最寄(もよ)りの都道府県労働局に提出することとされています（第12条）。このような人については，都道府県労働局長が「じん肺管理区分」を決定します（第13条）。この決定は事業者に通知され，事業者が皆さんにその内容を104ページのような「通知書」で知らせることとしていますので（第14条），自分の「じん肺管理区分」をはっきり知ることができます。

また，粉じん作業についていた人は，現在働いていても働いていなくても，自分の「じん肺管理区分」を決定してもらいたいときには，じん肺健康診断を受けて最寄(もよ)りの都道府県労働局長に一定の書類などを提出すれば，いつでも「じん肺管理区分」を決定してもらうことができます（第15条）。

以上のような手続きで決定されて通知された「じん肺管理区分」に不服がある場合には，一定の手続きをとって厚生労働大臣に決定内容を変えるよう求めることができます（第18条）。

（事業者によるエックス線写真等の提出）

第12条　事業者は，第7条から第9条の2までの規定によりじん肺健康診断を行つたとき，又は前条ただし書の規定によりエックス線写真及びじん肺健康診断の結果を証明する書面その他の書面が提出されたときは，遅滞なく，厚生労働省令で定めるところにより，じん肺の所見があると診断された労働者について，当該エックス線写真及びじん肺健康診断の結果を証明する書面その他厚生労働省令で定める書面を都道府県労働局長に提出しなければならない。

（じん肺管理区分の決定手続等）

第13条　第7条から第9条の2まで又は第11条ただし書の規定によるじん肺健康診断の結果，じん肺の所見がないと診断された者のじん肺管理区分は，管理1とする。

② 都道府県労働局長は，前条の規定により，エックス線写真及びじん肺健康診断の結果を証明する書面その他厚生労働省令で定める書面が提出されたときは，これらを基礎として，地方じん肺診査医の診断又は審査により，当該労働者についてじん肺管理区分の決定をするものとする。

③～⑤　（略）

（通知）

第 14 条　都道府県労働局長は，前条第 2 項の決定をしたときは，厚生労働省令で定めるところにより，その旨を当該事業者に通知するとともに，遅滞なく，第 12 条又は前条第 3 項若しくは第 4 項の規定により提出されたエックス線写真その他の物件を返還しなければならない。

② 事業者は，前項の規定による通知を受けたときは，遅滞なく，厚生労働省令で定めるところにより，当該労働者（厚生労働省令で定める労働者であつた者を含む。）に対して，その者について決定されたじん肺管理区分及びその者が留意すべき事項を通知しなければならない。

③ 事業者は，前項の規定による通知をしたときは，厚生労働省令で定めるところにより，その旨を記載した書面を作成し，これを 3 年間保存しなければならない。

（随時申請）

第 15 条　常時粉じん作業に従事する労働者又は常時粉じん作業に従事する労働者であつた者は，いつでも，じん肺健康診断を受けて，厚生労働省令で定めるところにより，都道府県労働局長にじん肺管理区分を決定すべきことを申請することができる。

② 前項の規定による申請は，エックス線写真及びじん肺健康診断の結果を証明する書面その他厚生労働省令で定める書面を添えてしなければならない。

③ （略）

（審査請求）

第 18 条　第 13 条第 2 項（第 15 条第 3 項，第 16 条第 2 項及び第 16 条の 2 第 2 項において準用する場合を含む。次条第 1 項及び第 2 項において同じ。）の決定又はその不作為についての審査請求における審査請求書には，行政不服審査法（平成 26 年法律第 68 号）第 19 条第 2 項から第 4 項まで及び第 5 項（第 3 号に係る部分に限る。）に規定する事項のほか，厚生労働省令で定める事項を記載しなければならない。

② 前項の審査請求書には，厚生労働省令で定めるところにより，当該決定に係るエックス線写真その他の物件及び証拠となる物件を添附しなければならない。

〔参考〕　じん肺管理区分等通知書（じん肺法施行規則第17条）

様式第5号（第17条関係）

じん肺管理区分等通知書

氏名
住所

　　年　　月　　日　　　労働局長により，

じん肺法（第13条第2項（同法第16条の2第2項において準用する場合を含む。）
第16条第2項において準用する同法第13条第2項）

の規定に基づきじん肺管理区分が決定されたので通知します。

<table>
<tr><th colspan="2"></th><th>健康管理上留意すべき事項</th></tr>
<tr><td rowspan="5">じん肺管理区分</td><td>管　　理　1</td><td>じん肺の所見はなく，特に就業上の制限はありません。</td></tr>
<tr><td>管　　理　2</td><td>粉じんにさらされる程度を少なくすることが必要です。</td></tr>
<tr><td>管　　理3イ</td><td>粉じんにさらされる程度を少なくすることが必要です。
場合によつては粉じん作業から作業転換することが望まれます。</td></tr>
<tr><td>管　　理3ロ</td><td>粉じん作業から作業転換することが望まれます。</td></tr>
<tr><td>管　　理　4</td><td>療養が必要です。</td></tr>
<tr><td>合併症</td><td>（　　　　）
にかかっている。</td><td>療養が必要です。</td></tr>
</table>

　　年　　月　　日

職

事業者　　　　　　　　㊞

氏名

備考

1　「じん肺管理区分」の欄は，該当するじん肺管理区分を○で囲むこと。

2　「合併症」の欄は，合併症にかかつている場合に，（　）の中にその合併症の名称を記入すること。

(3) 健康管理

(ア) 作業転換

じん肺法では，「じん肺管理区分」が「管理3イ」で，肺の働きが少し弱くなった人については，都道府県労働局長が作業転換を「勧奨（かんしょう）する（すすめる）」ことができるようにしています（第21条）。この勧奨があった人と，「じん肺管理区分」が「管理3ロ」と決定された人については，事業者は作業転換に努めることとしています。このようにして作業転換した人のうち，一定の要件の人には事業者から平均賃金の30日分が「転換手当」として支払われます（第22条）。

また，「じん肺管理区分」が「管理3ロ」でじん肺が相当進んでいる人については，都道府県労働局長が事業者に作業転換の「指示」をすることができます。この「指示」によって作業転換した人には事業者から平均賃金の60日分が「転換手当」として支払われます。

なお，作業転換をしたいけれど転換先の仕事に必要な技術などに不安があって作業転換にふみ切れない場合があります。このような人のために，事業者は必要な教育訓練を行うよう努めることとされています（第22条の2）。

この教育訓練については，国が「じん肺作業転換教育訓練援護（えんご）措置（そち）制度」を設けていますので，この制度を活用することもできます。

（作業の転換）

第21条 都道府県労働局長は，じん肺管理区分が管理3イである労働者が現に常時粉じん作業に従事しているときは，事業者に対して，その者を粉じん作業以外の作業に常時従事させるべきことを勧奨することができる。

② 事業者は，前項の規定による勧奨を受けたとき，又はじん肺管理区分が管理3ロである労働者が現に常時粉じん作業に従事しているときは，当該労働者を粉じん作業以外の作業に常時従事させることとするように努めなければならない。

③ 事業者は，前項の規定により，労働者を粉じん作業以外の作業に常時従事させることとなつたときは，厚生労働省令で定めるところにより，その旨を都道府県労働局長に通知しなければならない。

④ 都道府県労働局長は，じん肺管理区分が管理3ロである労働者が現に常時粉じん作業に従事している場合において，地方じん肺診査医の意見により，当該労働者の健康を保持するため必要があると認めるときは，厚生労働省令で定めるところにより，事業者に対して，その者を粉じん作業以外の作業に常時従事

させるべきことを指示することができる。

（転換手当）

第22条　事業者は，次の各号に掲げる労働者が常時粉じん作業に従事しなくなつたとき（労働契約の期間が満了したことにより離職したときその他厚生労働省令で定める場合を除く。）は，その日から7日以内に，その者に対して，次の各号に掲げる労働者ごとに，それぞれ労働基準法第12条に規定する平均賃金の当該各号に掲げる日数分に相当する額の転換手当を支払わなければならない。ただし，厚生労働大臣が必要があると認めるときは，転換手当の額について，厚生労働省令で別段の定めをすることができる。

1　前条第1項の規定による勧奨を受けた労働者又はじん肺管理区分が管理3ロである労働者（次号に掲げる労働者を除く。）　30日分

2　前条第4項の規定による指示を受けた労働者　60日分

（作業転換のための教育訓練）

第22条の2　事業者は，じん肺管理区分が管理3である労働者を粉じん作業以外の作業に常時従事させるために必要があるときは，その者に対して，作業の転換のための教育訓練を行うように努めなければならない。

㈡　療　　養

「じん肺管理区分」が「管理 4」と決定された人および合併症にかかっていると認められた人は，じん肺が重いため，きちんと医師にかかる必要があります(第 23 条)。

現在事業場で粉じん作業についている人の場合，前にも述べたように，じん肺健康診断を受けた結果，じん肺にかかっていると診断された人には「じん肺管理区分等通知書」が事業者から手渡されます。また，自分で「じん肺管理区分」の決定を最寄(もよ)りの都道府県労働局長に申請した人には，直接「じん肺管理区分決定通知書」が送られてきます。

これらの書面で，「じん肺管理区分」が「管理 4」となっている人，「合併症にかかっている」とされている人は，これらの書面を持って労働基準監督署の窓口に行って，必要な手続きをすれば労災保険によって治療を受けることができます。

また，「じん肺管理区分」が「管理 2」または「管理 3」とすでに決定されている人が，からだの具合が悪くて医師にかかって合併症にかかっているといわれたときには，医師の診断書と「じん肺管理区分決定通知書」または「じん肺管理区分等通知書」を持って労働基準監督署で必要な手続きをすれば，同様に労災保険で治療を受けることができます。

（療養）
第 23 条　じん肺管理区分が管理 4 と決定された者及び合併症にかかつていると認められる者は，療養を要するものとする。

㈢　健康管理手帳

「じん肺管理区分」が「管理 2 または管理 3」と決定されている人は，事業場をやめるとき，または，やめてからであっても，最寄(もよ)りの都道府県労働局長に申請すれば「健康管理手帳」をもらうことができます。また，事業場をやめるときには管理 2 または管理 3 でなくても，やめてからしばらくして「じん肺管理区分」を決定してもらって管理 2 または管理 3 と決定された場合にも同様に手帳をもらうことができます。

「健康管理手帳」を持っている人は，1 年に 1 回，指定された病院で国の費用によって健康診断（肺がんなどの検査）を受けることができます（なお，この制度は，「労働安全衛生法第67条」により定められているものです）。

労働安全衛生法

（健康管理手帳）

第67条　都道府県労働局長は，がんその他の重度の健康障害を生ずるおそれのある業務で，政令で定めるものに従事していた者のうち，厚生労働省令で定める要件に該当する者に対し，離職の際に又は離職の後に，当該業務に係る健康管理手帳を交付するものとする。ただし，現に当該業務に係る健康管理手帳を所持している者については，この限りでない。

②　政府は，健康管理手帳を所持している者に対する健康診断に関し，厚生労働省令で定めるところにより，必要な措置を行なう。

③，④　（略）

参考１　粉じん作業（じん肺法施行規則）

（じん肺法施行規則：昭和35年3月31日労働省令第6号，
改正　令和2年12月25日厚生労働省令第208号）

別表（第2条関係）

1　土石，岩石又は鉱物（以下「鉱物等」という。）（湿潤な土石を除く。）を掘削する場所における作業（次号に掲げる作業を除く。）。ただし，次に掲げる作業を除く。

イ　坑外の，鉱物等を湿式により試錐（すい）する場所における作業

ロ　屋外の，鉱物等を動力又は発破によらないで掘削する場所における作業

1の2　ずい道等（ずい道及びたて坑以外の坑（採石法（昭和25年法律第291号）第2条に規定する岩石の採取のためのものを除く。）をいう。以下同じ。）の内部の，ずい道等の建設の作業のうち，鉱物等を掘削する場所における作業

2　鉱物等（湿潤なものを除く。）を積載した車の荷台を覆し，又は傾けることにより鉱物等（湿潤なものを除く。）を積み卸す場所における作業（次号，第3号の2，第9号又は第18号に掲げる作業を除く。）

3　坑内の，鉱物等を破砕し，粉砕し，ふるい分け，積み込み，又は積み卸す場所における作業（次号に掲げる作業を除く。）。ただし，次に掲げる作業を除く。

イ　湿潤な鉱物等を積み込み，又は積み卸す場所における作業

ロ　水の中で破砕し，粉砕し，又はふるい分ける場所における作業

ハ　設備による注水をしながらふるい分ける場所における作業

3の2　ずい道等の内部の，ずい道等の建設の作業のうち，鉱物等を積み込み，又は積み卸す場所における作業

4　坑内において鉱物等（湿潤なものを除く。）を運搬する作業。ただし，鉱物等を積載した車を牽（けん）引する機関車を運転する作業を除く。

5　坑内の，鉱物等（湿潤なものを除く。）を充てんし，又は岩粉を散布する場所における作業（次号に掲げる作業を除く。）

5の2　ずい道等の内部の，ずい道等の建設の作業のうち，コンクリート等を吹き付ける場所における作業

5の3　坑内であつて，第1号から第3号の2まで又は前二号に規定する場所に近接する場所において，粉じんが付着し，又は堆積した機械設備又は電気設備を移設し，撤去し，点検し，又は補修する作業

6　岩石又は鉱物を裁断し，彫り，又は仕上げする場所における作業（第13号に掲げる作業を除く。）。ただし，次に掲げる作業を除く。

イ　火炎を用いて裁断し，又は仕上げする場所における作業

ロ　設備による注水又は注油をしなが

ら，裁断し，彫り，又は仕上げする場所における作業

7　研磨材の吹き付けにより研磨し，又は研磨材を用いて動力により，岩石，鉱物若しくは金属を研磨し，若しくはばり取りし，若しくは金属を裁断する場所における作業（前号に掲げる作業を除く。）。ただし，設備による注水又は注油をしながら，研磨材を用いて動力により，岩石，鉱物若しくは金属を研磨し，若しくはばり取りし，又は金属を裁断する場所における作業を除く。

8　鉱物等，炭素を主成分とする原料（以下「炭素原料」という。）又はアルミニウムはくを動力により破砕し，粉砕し，又はふるい分ける場所における作業（第3号，第15号又は第19号に掲げる作業を除く。）。ただし，次に掲げる作業を除く。

イ　水又は油の中で動力により破砕し，粉砕し，又はふるい分ける場所における作業

ロ　設備による注水又は注油をしながら，鉱物等又は炭素原料を動力によりふるい分ける場所における作業

ハ　屋外の，設備による注水又は注油をしながら，鉱物等又は炭素原料を動力により破砕し，又は粉砕する場所における作業

9　セメント，フライアッシュ又は粉状の鉱石，炭素原料若しくは炭素製品を乾燥し，袋詰めし，積み込み，又は積み卸す場所における作業（第3号，第3号の2，第16号又は第18号に掲げる作業を除く。）

10　粉状のアルミニウム又は酸化チタンを袋詰めする場所における作業

11　粉状の鉱石又は炭素原料を原料又は材料として使用する物を製造し，又は加工する工程において，粉状の鉱石，炭素原料又はこれらを含む物を混合し，混入し，又は散布する場所における作業（次号から第14号までに掲げる作業を除く。）

12　ガラス又はほうろうを製造する工程において，原料を混合する場所における作業又は原料若しくは調合物を溶解炉に投げ入れる作業。ただし，水の中で原料を混合する場所における作業を除く。

13　陶磁器，耐火物，けい藻土製品又は研磨材を製造する工程において，原料を混合し，若しくは成形し，原料若しくは半製品を乾燥し，半製品を台車に積み込み，若しくは半製品若しくは製品を台車から積み卸し，仕上げし，若しくは荷造りする場所における作業又は窯の内部に立ち入る作業。ただし，次に掲げる作業を除く。

イ　陶磁器を製造する工程において，原料を流し込み成形し，半製品を生仕上げし，又は製品を荷造りする場所における作業

ロ　水の中で原料を混合する場所における作業

14　炭素製品を製造する工程において，炭素原料を混合し，若しくは成形し，半製品を炉詰めし，又は半製品若しくは製品を炉出しし，若しくは仕上げする場所に

おける作業。ただし，水の中で原料を混合する場所における作業を除く。

15　砂型を用いて鋳物を製造する工程において，砂型を造型し，砂型を壊し，砂落としし，砂を再生し，砂を混練し，又は鋳ばり等を削り取る場所における作業（第7号に掲げる作業を除く。）。ただし，設備による注水若しくは注油をしながら，又は水若しくは油の中で，砂を再生する場所における作業を除く。

16　鉱物等（湿潤なものを除く。）を運搬する船舶の船倉内で鉱物等（湿潤なものを除く。）をかき落とし，若しくはかき集める作業又はこれらの作業に伴い清掃を行う作業（水洗する等粉じんの発散しない方法によつて行うものを除く。）

17　金属その他無機物を製錬し，又は溶融する工程において，土石又は鉱物を開放炉に投げ入れ，焼結し，湯出しし，又は鋳込みする場所における作業。ただし，転炉から湯出しし，又は金型に鋳込みする場所における作業を除く。

18　粉状の鉱物を燃焼する工程又は金属その他無機物を製錬し，若しくは溶融する工程において，炉，煙道，煙突等に付着し，若しくは堆積した鉱さい又は灰をかき落とし，かき集め，積み込み，積み卸し，又は容器に入れる場所における作業

19　耐火物を用いて窯，炉等を築造し，若しくは修理し，又は耐火物を用いた窯，炉等を解体し，若しくは破砕する作業

20　屋内，坑内又はタンク，船舶，管，車両等の内部において，金属を溶断し，又はアークを用いてガウジングする作業

20の2　金属をアーク溶接する作業

21　金属を溶射する場所における作業

22　染土の付着した藺（い）草を庫（くら）入れし，庫（くら）出しし，選別調整し，又は製織する場所における作業

23　長大ずい道（著しく長いずい道であつて，厚生労働大臣が指定するものをいう。）の内部の，ホッパー車からバラストを取り卸し，又はマルチプルタイタンパーにより道床を突き固める場所における作業

24　石綿を解きほぐし，合剤し，紡績し，紡織し，吹き付けし，積み込み，若しくは積み卸し，又は石綿製品を積層し，縫い合わせ，切断し，研磨し，仕上げし，若しくは包装する場所における作業

参考２　じん肺法における健康管理の体系

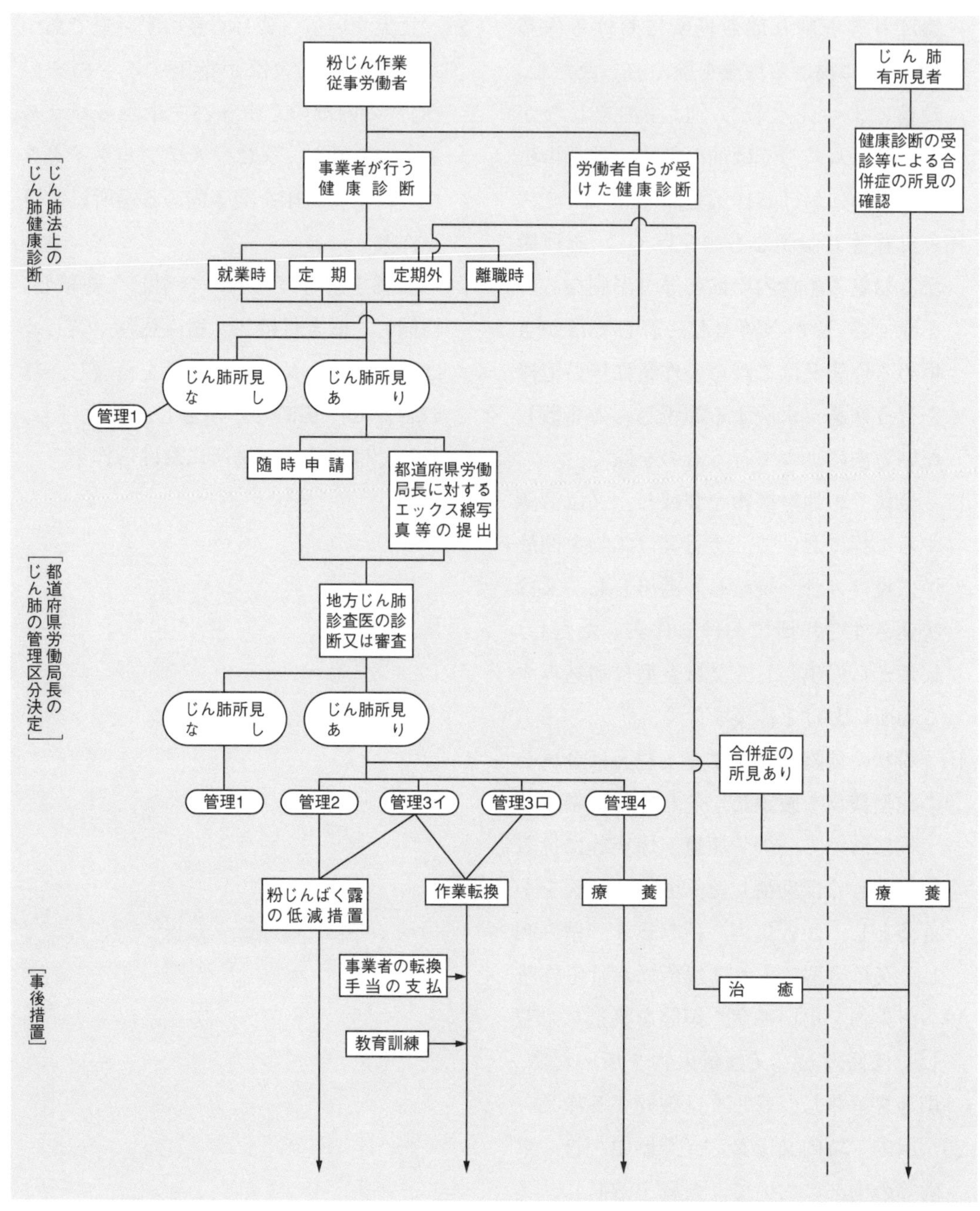

参考3　粉じん作業特別教育規程

（昭和54年7月23日労働省告示第68号）

粉じん障害防止規則（昭和54年労働省令第18号）第22条第2項の規定に基づき，粉じん作業特別教育規程を次のように定め，昭和55年10月1日から適用する。

粉じん障害防止規則第22条第1項の規定による特別の教育は，学科教育により，次の表の上欄（編注：左欄）に掲げる科目に応じ，それぞれ，同表の中欄に掲げる範囲について同表の下欄（編注：右欄）に掲げる時間以上行うものとする。

科　　目	範　　　　囲	時間
粉じんの発散防止及び作業場の換気の方法	粉じんの発散防止対策の種類及び概要 換気の種類及び概要	1時間
作業場の管理	粉じんの発散防止対策に係る設備及び換気のための設備の保守点検の方法　作業環境の点検の方法　清掃の方法	1時間
呼吸用保護具の使用の方法	呼吸用保護具の種類，性能，使用方法及び管理	30分
粉じんに係る疾病及び健康管理	粉じんの有害性　粉じんによる疾病の病理及び症状　健康管理の方法	1時間
関係法令	労働安全衛生法（昭和47年法律第57号），労働安全衛生法施行令（昭和47年政令第318号），労働安全衛生規則（昭和47年労働省令第32号）及び粉じん障害防止規則並びにじん肺法（昭和35年法律第30号）及びじん肺法施行規則（昭和35年労働省令第6号）中の関係条項	1時間

参考4　ずい道等建設工事における粉じん対策に関するガイドラインのあらまし

（平成12年12月26日基発第768号の2,
改正　令和2年7月20日基発0720第2号）

本ガイドラインは，ずい道等（ずい道及びたて坑以外の坑（採石法（昭和25年法律第291号）第2条に規定する岩石の採取のためのものを除く。）建設工事（以下「ずい道等建設工事」という。）における粉じん対策に関し，作業環境を将来にわたってよりよいものとする観点から，粉じん障害防止規則及び労働安全衛生規則の一部を改正する省令（令和2年厚生労働省令第128号）により改正された粉じん障害防止規則（昭和54年労働省令第18号）及び粉じん作業を行う坑内作業場に係る粉じん濃度の測定及び評価の方法等（令和2年厚生労働省告示第265号。）等の規定のほか，事業者が実施すべき事項及び関係法令において規定されている事項のうち重要なものを一体的に示すことにより，ずい道等建設工事における粉じん対策のより一層の充実を図ることを目的としています。

(1)　粉じん対策に係る計画の策定

ずい道等建設工事を実施しようとするときには，事前に，粉じん対策に係る計画を策定すること。

計画には，粉じんの発散を抑制するための粉じん発生源に係る措置，換気装置等による換気の実施，粉じん濃度等の測定，有効な呼吸用保護具の使用，労働衛生教育の実施などを盛り込むことが必要であること。

(2)　ずい道等の掘削等作業主任者の職務

①　空気中の粉じんの濃度等の測定の方法及びその結果を踏まえた掘削等の作業の方法を決定すること。

②　換気（局所集じん機，伸縮風管，エアカーテン，移動式隔壁等の採用，粉じん抑制剤若しくはエアレス吹付等粉じんの発生を抑制する措置の採用又は遠隔吹付の採用等を含む。）の方法を決定すること。

③　粉じん濃度等の測定結果に応じて，労働者に使用させる呼吸用保護具を選択すること。

④　粉じん濃度等の試料採取機器の設置を指揮し，又は自らこれを行うこと。

⑤　呼吸用保護具の機能を点検し，不良品を取り除くこと。

⑥　呼吸用保護具の使用状況を監視すること。

(3)　粉じん発生源に係る措置

①　工法

設計段階において，より粉じん発生量の少ないトンネルボーリングマシン工法やシールド工法等の採用について検討すること。

② 掘削作業

1) 発破による掘削作業

・せん孔作業においては湿式型の削岩機を使用すること。

・発破作業を行った時は，粉じんが適当に薄められた後でなければ当該箇所に労働者を立ち入らせないようにすること。

2) 機械による掘削作業（シールド工法及び推進工法による掘削作業を除く。）

湿式型の機械装置又は土石若しくは岩石を湿潤な状態に保つための設備を設置すること。

3) シールド工法及び推進工法による掘削作業

湿式型の機械装置，切羽の部分が密閉されている機械装置又は土石若しくは岩石を湿潤な状態に保つための設備を設置すること。

③ ずり積み等作業

・破砕等作業では，密閉する設備又は土石又は岩石を湿潤な状態に保つための設備を設置すること。

・ずり積み等作業では，土石を湿潤な状態に保つための設備を設置すること。

④ ロックボルトの取付け等せん孔作業及びコンクリート等の吹付け作業

1) せん孔作業

湿式型の削岩機を使用すること。

2) コンクリート等の吹付け作業

湿式型の吹付け機械装置を使用すること。また，粉じん抑制剤の使用及びコンクリートの分割練混ぜの導入を図ること。

吹付けノズルと吹付け面との距離，吹付け角度等に関する作業標準を定め守らせるとともに，より本質的な対策として遠隔吹付技術の導入を検討すること。

⑤ その他

・たい積粉じんを定期的に清掃すること。

・走行路の散水，走行路の仮舗装，走行速度の抑制，坑内使用の建設機械の排出ガスの黒煙を浄化する装置の装着などに努めること。

(4) 換気装置等による換気の実施等

① 換気装置による換気の実施

換気装置は，ずい道等の規模，施工方法，施工条件などを考慮した上で，坑内の空気を強制的に換気するのに最も適した換気方式のものを選定すること。

なお，換気方法の選定に当たっては，発生した粉じんの効果的な排出・希釈に加え，坑内全域における粉じん濃度の低減に配慮することが必要であり，より効果的な吸引捕集方式の導入を図るとともに，局所集じん機，伸縮風管，エアカーテン，移動式隔壁等の導入を図ること。

送気口及び吸気口は，有効な換気を行うのに適正な位置に設け，ずい道等建設工事の進捗に応じて，速やかに風管の延長を行うこと。

その他送気量及び排気量のバランス，粉じんを含む空気の坑内における循環・滞留・逆流について，また，風管の曲線部について留意すること。

② 集じん装置による集じんの実施

坑内の粉じん濃度を減少させるため，処理能力，設置位置，隔壁・エアカーテンの設置等に留意し集じん装置による集じんを行うこと。

③ 換気装置等の管理

換気装置等について，半月以内ごとに１回，定期に所定の事項について点検を行い，異常を認めたときは，直ちに補修等を行うこと。

(5) 粉じん濃度等の測定

① 粉じん濃度等の測定

粉じん作業を行う坑内作業場について，空気中の粉じん濃度，遊離けい酸の含有率，風速，換気装置等の風量などについて，半月以内ごとに１回，定期に測定すること。

なお，ずい道等の長さが短いことなどにより粉じん濃度等の測定が著しく困難な場合は，測定を行わないことができる。

② 空気中の粉じん濃度の測定結果の評価及び測定結果に基づく措置

1) 空気中の粉じん濃度の測定を行ったときは，その都度，速やかに，粉じん濃度目標レベルと比較し当該測定の結果の評価を行うこと。（測定等の記録は７年間保存し，測定の結果等を労働者に周知すること。）

その結果，粉じん濃度目標レベルを超える場合には，設備，作業工程又は作業方法の点検を行い，その結果に基づき作業環境改善のための必要な措置を行うこと。

2) 粉じん濃度目標レベルは $2mg/m^3$ 以下とすること。ただし，掘削断面積が小さいため，$2mg/m^3$ を達成するのに必要な大きさ（口径）の風管又は必要な本数の風管の設置，必要な容量の集じん装置の設置等が施工上極めて困難であるものについては，可能な限り，$2mg/m^3$ に近い値を粉じん濃度目標レベルとして設定し，当該値を記録しておくこと。

(6) 有効な呼吸用保護具の使用

坑内において，常時，防じんマスク，電動ファン付き呼吸用保護具等有効な呼吸用保護具（掘削作業，ずり積み作業又はコンクリート等吹付作業にあっては，電動ファン付き呼吸用保護具に限る。）を使用させるとともに，呼吸用保護具の適正な選択，使用及び保守管理の徹底並びに呼吸用保護具の顔面への密着性の確認を行うこと。

呼吸用保護具については，必要な数を備え，常時，有効かつ清潔に保持すること。

⑺　労働衛生教育の実施

「粉じん作業特別教育」，「坑内の特定粉じん作業以外の粉じん作業に従事する労働者に対する特別教育に準じた教育」及び「呼吸用保護具の適正な選択及び使用に関する教育」を実施すること。

⑻　その他の粉じん対策

労働者が休憩の際には，清浄な空気で，粉じんから隔離された休憩室を設置することが望ましいこと。また，作業衣に付着した粉じんを除去できる用具が備え付けられていること。

⑼　元方事業者が配慮する事項

粉じん対策に係る計画の調整，教育に対する指導及び援助，清掃作業日の統一，関係請負人に対する技術上の指導などの措置を講じること。

参考5　第10次粉じん障害防止総合対策

（令和5年3月30日基発0330第3号（抜粋））

令和5年3月に策定された「第10次粉じん障害防止総合対策」は，粉じん障害防止対策をいっそう推進するため，令和5年度から令和9年度までの5カ年計画として示されたもので，この総合対策では，「呼吸用保護具の適正な選択及び使用の徹底」「ずい道等建設工事における粉じん障害防止対策」「じん肺健康診断の着実な実施」「離職後の健康管理の推進」「その他地域の実情に即した事項」を重点事項とする「粉じん障害を防止するため事業者が重点的に講ずべき措置」について以下のとおり定めています。

1　呼吸用保護具の適正な選択及び使用の徹底

事業者は，粉じんの有害性を十分に認識し，労働者に有効な呼吸用保護具を使用させるため，次の措置を講じること。

(1)　保護具着用管理責任者の選任及び呼吸用保護具の適正な選択と使用等の推進

平成17年2月7日付け基発第0207006号「防じんマスクの選択，使用等について」等に基づき，「保護具着用管理責任者」を選任し，防じんマスクの適正な選択等の業務に従事させること。

なお，顔面とマスクの接地面に皮膚障害がある場合等は，漏れ率の測定や公益社団法人日本保安用品協会が実施する「保護具アドバイザー養成・確保等事業」にて養成された保護具アドバイザーに相談をすること等により呼吸用保護具の適正な使用を確保すること。

(2)　電動ファン付き呼吸用保護具の使用

電動ファン付き呼吸用保護具は，防じんマスクを使用する場合と比べて，一般的に防護係数が高く身体負荷が軽減されるなどの観点から，より有効な健康障害防止措置であり，じん肺法第20条の3の規定により粉じんにさらされる程度を低減させるための措置の一つとして使用すること。

なお，電動ファン付き呼吸用保護具を使用する際には，取扱説明書に基づき動作確認等を確実に行うこと。

(3)　改正省令に関する対応

令和4年5月の労働安全衛生規則等の一部を改正する省令（令和4年厚生労働省令第91号）による改正において，第3管理区分に区分された場所で，かつ，作業環境測定の評価結果が第3管理区分に区分され，その改善が困難な場所では，厚生労働大臣の定めるところにより，濃度を測定し，その結果に応じて労働者に有効な呼吸用保護具を使用させること，当該呼吸用保護具に係るフィットテストを実施することが義務付けられた（令和6年4月1日施行）ことから，これらの改正内容に基づき適切な呼吸用保護具の着用等を行うこと。

2　ずい道等建設工事における粉じん障害防止対策

(1)　ずい道等建設工事における粉じん対策に関するガイドラインに基づく対策の徹底

事業者は，「ずい道等建設工事における粉じん対策に関するガイドライン」（平成12年12月26日付け基発第768号の2。以下「ずい道粉じん対策ガイドライン」という。）に基づき，粉じん濃度が2mg/㎥となるよう，措置を講じること。また，必要に応じ，建設業労働災害防止協会の「令和2年粉じん障害防規則等改正対応版ずい道等建設工事における換気技術指針」（令和3年4月）も参照すること。

特に，次の作業において，労働者に使用させなければならない呼吸用保護具は電動ファン付き呼吸用保護具に限られ，切羽に近接する場所の空気中の粉じん濃度等に応じて，有効なものとする必要があることに留意すること。

また，その使用に当たっては，粉じん作業中にファンが有効に作動することが必要であるため，予備電池の用意や休憩室での充電設備の備え付け等を行うこと。

[1] 動力を用いて鉱物等を掘削する場所における作業

[2] 動力を用いて鉱物等を積み込み，又は積み卸す場所における作業

[3] コンクリート等を吹き付ける場所における作業

なお，事業者は，労働安全衛生法（昭和47年法律第57号）第88条に基づく「ずい道等の建設等の仕事」に係る計画の届出を厚生労働大臣又は所轄労働基準監督署長に提出する場合には，ずい道粉じん対策ガイドライン記載の「粉じん対策に係る計画」を添付すること。

(2)　健康管理対策の推進

ア　じん肺健康診断の結果に応じた措置の徹底

事業者は，じん肺法に基づくじん肺健康診断の結果に応じて，当該事業場における労働者の実情等を勘案しつつ，粉じんばく露の低減措置又は粉じん作業以外の作業への転換措置を行うこと。

イ　健康管理システム

粉じん作業を伴うずい道等建設工事を施行する事業者は，ずい道等建設労働者が工事毎に就業先を変えることが多い状況に鑑み，事業者が行う健康管理や就業場所の変更等，就業上適切な措置を講じやすくするために，平成31年3月に運用を開

始した健康情報等の一元管理システムについて，労働者本人の同意を得た上で，労働者の健康情報等を登録するよう努めること。

ウ　じん肺有所見労働者に対する健康管理教育等の推進

事業者は，じん肺有所見労働者のじん肺の増悪の防止を図るため，産業医等による継続的な保健指導を実施するとともに「じん肺有所見者に対する健康管理教育のためのガイドライン」(平成9年2月3日付け基発70号）に基づく健康管理教育を推進すること。

さらに，じん肺有所見労働者は，喫煙が加わると肺がんの発生リスクがより一層上昇すること，禁煙により発生リスクの低下が期待できることから，事業者は，じん肺有所見労働者に対し，肺がん検診の受診及び禁煙について強く働きかけること。

(3)　元方事業者の講ずべき措置の実施の徹底等

元方事業者は，ずい道粉じん対策ガイドラインに基づき，粉じん対策に係る計画の調整，教育に対する指導及び援助，清掃作業日の統一，関係請負人に対する技術上の指導等を行うこと。

3　じん肺健康診断の着実な実施

事業者は，じん肺法に基づき，じん肺健康診断を実施し，毎年じん肺健康管理実施状況報告を提出すること。また，労働者のじん肺健康診断に関する記録の作成に当たっては，粉じん作業職歴を可能な限り記載し，作成した記録の保存を確実に行うこと。

4　離職後の健康管理の推進

事業者は，粉じん作業に従事し，じん肺管理区分が管理2又は管理3の離職予定者に対し，「離職するじん肺有所見者のためのガイドブック」(平成29年3月策定。以下「ガイドブック」という。）を配付するとともに，ガイドブック等を活用し，離職予定者に健康管理手帳の交付申請の方法等について周知すること。その際，特に，じん肺合併症予防の観点から，積極的な禁煙の働きかけを行うこと。なお，定期的な健康管理の中で禁煙指導に役立てるため，粉じん作業に係る健康管理手帳の様式に，喫煙歴の記入欄があることに留意すること。

また，事業者は，粉じん作業に従事させたことがある労働者が，離職により事業者の管理から離れるに当たり，雇用期間内に受けた最終のじん肺健康診断結果証明書の写し等，離職後の健康管理に必要な書類をとりまとめ，求めに応じて労働者に提供すること。

5　その他地域の実情に即した事項

地域の実情をみると，引き続き，アーク溶接作業と岩石等の裁断等の作業，金属等の研磨作業，屋外における岩石・鉱物の研磨作業若しくはばり取り作業及び屋外における鉱物等の破砕作業に係る粉じん障害防止対策等の推進を図る必要があることから，事業者は，必要に応じ，これらの粉じん障害防止対策等について，第9次粉じん障害防止総合対策の「粉じん障害を防止するため事業者が重点的に講ずべき措置」の以下の措置を引き続き講じること。

(1)　アーク溶接作業と岩石等の裁断等作業に係る粉じん障害防止対策

ア　改正粉じん則及び改正じん肺法施行規則（平成24年4月1日施行）の内容に基づく措置の徹底

イ　局所排気装置，プッシュプル型換気装置等の普及を通じた作業環境の改善

ウ　呼吸用保護具の着用の徹底及び適正な着用の推進

エ　健康管理対策の推進

オ　じん肺に関する予防及び健康管理のための教育の徹底

(2)　金属等の研磨作業に係る粉じん障害防止対策

ア　特定粉じん発生源に対する措置の徹底等

イ　特定粉じん発生源以外の粉じん作業に係る局所排気装置等の普及を通じた作業環境の改善

ウ　局所排気装置等の適正な稼働並びに検査及び点検の実施

エ　作業環境測定の実施及びその結果の評価に基づく措置の徹底

オ　特別教育の徹底

カ　呼吸用保護具の着用の徹底及び適正な着用の推進

キ　たい積粉じん対策の推進

ク　健康管理対策の推進

(3)　屋外における岩石・鉱物の研磨作業又はばり取り作業に係る粉じん障害防止対策

事業者は，屋外における岩石・鉱物の研磨作業又はばり取り作業に労働者を従事させる場合には，呼吸用保護具の使用を徹底させること。

また，事業者は，その要旨について，当該作業場の見やすい場所への掲示，衛生委員会等での説明，粉じん障害防止総合対策推進強化月間及び粉じん対策の日を活用した普及啓発等を実施すること。

(4)　屋外における鉱物等の破砕作業に係る粉じん障害防止対策

事業者は，屋外における鉱物等の破砕作業に労働者を従事させる場合には，呼吸用保護具の使用を徹底させること。

また，事業者は，呼吸用保護具の使用を徹底するため，その要旨を当該作業場の見

やすい場所への掲示，衛生委員会等での説明，粉じん障害防止総合対策推進強化月間及び粉じん対策の日を活用した普及啓発等を実施すること。

6　その他の粉じん作業又は業種に係る粉じん障害防止対策

事業者は，上記の措置に加え，作業環境測定の結果，じん肺新規有所見労働者の発生数，職場巡視の結果等を踏まえ，適切な粉じん障害防止対策を推進すること。

MEMO

MEMO

MEMO

MEMO

写真提供

株式会社重松製作所
興研株式会社
スリーエムヘルスケア株式会社
山本光学株式会社
（50 音順）

粉じん作業特別教育用テキスト
粉じんによる疾病の防止（作業者用）

平成31年１月31日　第１版第１刷発行
令和５年６月30日　第２版第１刷発行
令和６年11月25日　　　　第５刷発行

編　　者　中央労働災害防止協会
発 行 者　平山　剛
発 行 所　中央労働災害防止協会
〒108−0023
東京都港区芝浦 3−17−12
吾妻ビル９階
電話　販売　03（3452）6401
　　　編集　03（3452）6209
印　　刷　新日本印刷株式会社

乱丁・落丁本はお取り替えいたします。
ISBN978-4-8059-2111-1　C3043
中災防ホームページ　https://www.jisha.or.jp/